计算机技术开发与应用丛书

OpenHarmony开发与实践

基于红莓RK2206开发板

陈鲤文 陈 婧 叶伟华 ◎ 著

清华大学出版社

北京

内 容 简 介

本书是一本介绍 OpenHarmony 操作系统的技术书籍，通过系统地讲解操作系统的概念和实现原理，帮助读者深入了解 OpenHarmony 操作系统的特点和优势，掌握开发和应用的技能。

本书共 7 章，分别为 OpenHarmony 操作系统的概述、快速入门、内核、移植适配、IoT 组件开发、SimpleGUI 显示及 HTML5 开发示例。第 1 章介绍 OpenHarmony 操作系统的基本概念、特点和架构；第 2 章通过一个简单的示例程序，帮助读者快速入门 OpenHarmony 操作系统的开发；第 3 章详细介绍 OpenHarmony 操作系统的内核，包括任务管理、内存管理、同步机制等内容；第 4 章介绍 OpenHarmony 操作系统的移植适配，包括外设驱动的开发和移植，以及板级支持包（BSP）的开发和适配；第 5 章介绍 OpenHarmony 操作系统的 IoT 组件开发，包括 GPIO、PWM、UART 等常用组件的开发和使用；第 6 章介绍 OpenHarmony 操作系统的 SimpleGUI 显示模块，帮助读者快速开发应用程序界面；第 7 章通过一系列开发示例，帮助读者深入理解 OpenHarmony 操作系统的开发和应用。

本书适合从事 OpenHarmony 操作系统开发和应用的工程师、想要了解 OpenHarmony 操作系统的技术爱好者和初学者阅读，也可作为高等院校和培训机构相关专业的教学参考书。读者应具备一定的嵌入式开发基础知识和 C 语言编程经验，以便更好地理解本书内容。

图书在版编目（CIP）数据

OpenHarmony 开发与实践：基于红莓 RK2206 开发板/陈鲤文，陈婧，叶伟华著.—北京：清华大学出版社，2024.3
　　（计算机技术开发与应用丛书）
　　ISBN 978-7-302-65746-0

Ⅰ.①O…　Ⅱ.①陈…②陈…③叶…　Ⅲ.①移动终端－应用程序－程序设计　Ⅳ.①TN929.53

中国国家版本馆 CIP 数据核字（2024）第 052359 号

责任编辑：赵佳霓
封面设计：吴　刚
责任校对：时翠兰
责任印制：宋　林

出版发行：清华大学出版社
　　　网　　　址：https://www.tup.com.cn，https://www.wqxuetang.com
　　　地　　　址：北京清华大学学研大厦 A 座　　　邮　　　编：100084
　　　社　总　机：010-83470000　　　邮　　　购：010-62786544
　　　投稿与读者服务：010-62776969，c-service@tup.tsinghua.edu.cn
　　　质量反馈：010-62772015，zhiliang@tup.tsinghua.edu.cn
　　　课件下载：https://www.tup.com.cn，010-83470236
印　装　者：天津鑫丰华印务有限公司
经　　　销：全国新华书店
开　　　本：186mm×240mm　　　印　　　张：14　　　字　　　数：332 千字
版　　　次：2024 年 3 月第 1 版　　　印　　　次：2024 年 3 月第 1 次印刷
印　　　数：1～2000
定　　　价：59.00 元

产品编号：097165-01

党的二十大报告指出：教育、科技、人才是全面建设社会主义现代化国家的基础性、战略性支撑。必须坚持科技是第一生产力、人才是第一资源、创新是第一动力，深入实施科教兴国战略、人才强国战略、创新驱动发展战略，这三大战略共同服务于创新型国家的建设。高等教育与经济社会发展紧密相连，对促进就业创业、助力经济社会发展、增进人民福祉具有重要意义。

OpenHarmony 操作系统是由开放原子开源基金会孵化及运营的项目，它采用微内核架构，具备分布式能力、多端协同、安全可靠等特点，被广泛地应用于物联网、智能家居、车载、工业等领域。其开源旨在提高技术交流和协作，促进产业发展和创新，OpenHarmony 已经成为开源社区和业界的热门话题，引起了广泛的关注和讨论。

OpenHarmony 具有以下几个特点。

（1）微内核架构：采用微内核架构，保证了系统的稳定性、可扩展性和安全性。

（2）分布式能力：支持多设备、多场景、多任务的分布式能力，实现了数据、计算、服务的分布式协同。

（3）多端协同：支持多种设备、多种应用场景的协同，实现了多端交互和协作。

（4）安全可靠：提供完善的安全机制，保障系统的安全性和可靠性。

（5）简单易用：提供开发者友好的开发接口和开发工具，降低了开发难度和成本。

OpenHarmony 的推出，极大地促进了物联网、智能家居、车载、工业等领域的发展，同时也为开发者提供了一个全新的平台，以便探索分布式操作系统的开发和应用。

本书主要介绍基于 OpenHarmony 的嵌入式系统开发，旨在为广大嵌入式开发者提供一本系统化的参考手册。本书将从系统概述、内核、移植适配、物联网组件开发、SimpleGUI 显示和开发示例等方面详细地讲解基于 OpenHarmony 的嵌入式系统开发的相关内容。

本书主要内容

第 1 章介绍 OpenHarmony 操作系统的发展历史、技术架构及支持的开发板。

第 2 章介绍 OpenHarmony 的系统构成、编译及南北向的开发流程。

第 3 章介绍内核的基本功能，包括内存、通信机制、时间管理和重要的数据结构。

第 4 章介绍移植适配相关内容，包括芯片移植指导和板级适配。

第 5 章介绍 IoT 组件开发，包括 GPIO、I^2C、SPI、PWM、UART 和 WATCHDOG。

第 6 章介绍 SimpleGUI 显示，包括如何获取 SimpleGUI，以及相关基础知识和基础绘图功能。

第 7 章介绍开发示例,以智慧展厅的智能监控项目为案例,介绍系统的开发流程和实现。

阅读建议

本书是一本基础入门加实战的书籍,既有基础知识,又有丰富示例,包括详细的操作步骤,实操性强。每个知识点都配有小例子,力求精简,还提供了配套的完整代码,复制完整代码就可以立即看到效果。这样会增强读者的信心,在轻松掌握基础知识的同时快速进入实战。

第 1 章讲解 OpenHarmony 的基本概念和特点,建议读者先将基础理论通读一遍。

第 2 章快速入门。如果是第 1 次接触 OpenHarmony 系统,则可以先阅读第 2 章的快速入门,了解如何搭建开发环境和如何进行开发。

对于想要深入了解 OpenHarmony 系统的读者,可以重点关注第 3 章内核、第 4 章移植适配、第 5 章 IoT 组件开发和第 6 章 SimpleGUI 显示。这些章节将帮助您了解系统的内部实现和开发方法。

第 7 章的开发示例提供了一些实际的项目开发案例,可以帮助您更好地理解系统的应用和开发。

建议您在阅读本书时,结合 OpenHarmony 系统官方文档,以便更好地理解和掌握。同时,也建议在实际开发中多尝试,多实践,以加深对系统的理解。

扫描目录上方的二维码可下载本书配套资源。

由于时间仓促,书中难免存在疏漏之处,请读者见谅,并提宝贵意见。

笔　者

2024 年 1 月

目 录

CONTENTS

教学课件(PPT)

本书源码

第 1 章　操作系统概述 ·· 1

1.1　操作系统的发展历程 ·· 1

1.2　认识 OpenHarmony ·· 5

1.3　OpenHarmony 简介 ·· 7

1.3.1　系统类型 ··· 7

1.3.2　OpenHarmony 的技术架构 ··· 7

1.3.3　基础系统类型所支持的子系统 ··· 19

1.4　OpenHarmony 支持的开发板 ··· 20

1.4.1　红莓开发板 ··· 22

1.4.2　最小系统核心电路原理 ··· 24

1.5　本章小结 ··· 28

1.6　课后练习 ··· 29

第 2 章　快速入门 ·· 30

2.1　OpenHarmony 操作系统的基本构成 ·· 30

2.2　编译体系构建 ··· 32

2.2.1　用到的工具 ··· 32

2.2.2　Python 脚本的作用 ··· 33

2.2.3　编译器 ··· 34

2.3　南向开发入门 ··· 34

2.3.1　编译环境 ··· 34

2.3.2　源码下载 ··· 36

2.3.3　编译及烧录 ··· 37

2.3.4　启动相关的函数介绍 ··· 37

2.3.5 添加组件 ·· 46

2.4 北向开发入门 ··· 47

2.4.1 DevEco Studio 3.0 下载与安装 ························· 47

2.4.2 下载并安装 Node.js ································· 49

2.4.3 尝试打开 DevEco Studio ························· 51

2.5 本章小结 ··· 53

2.6 课后练习 ··· 53

第 3 章 内核 ··· 54

3.1 中断管理 ··· 54

3.2 任务管理 ··· 56

3.2.1 TCB 结构体定义 ································· 57

3.2.2 Task 的创建 ································· 58

3.2.3 Task 状态机 ································· 61

3.2.4 调度策略 ································· 62

3.2.5 调度的时机 ································· 63

3.2.6 Task 切换的实现 ································· 64

3.2.7 接口说明 ································· 65

3.3 内存管理 ··· 69

3.3.1 静态内存 ································· 70

3.3.2 动态内存 ································· 72

3.4 内核通信机制 ··· 77

3.4.1 事件 ································· 77

3.4.2 互斥锁 ································· 81

3.4.3 消息队列 ································· 86

3.4.4 信号量 ································· 89

3.5 时间管理 ··· 94

3.5.1 系统 Tick ································· 94

3.5.2 软件定时器 ································· 97

3.6 双向链表 ··· 100

3.7 内核调试 ··· 103

3.7.1 内存调测 ································· 103

3.7.2 异常调测 ································· 106

3.7.3 Trace 调测 ································· 107

3.8 本章小结 ··· 109

第 4 章 移植适配 ··· 110

4.1 芯片移植指导 ··· 110

4.1.1　移植准备 ……………………………………………………… 110

4.1.2　内核移植 ……………………………………………………… 114

4.2　板级适配 ………………………………………………………………… 117

4.2.1　板级驱动适配 …………………………………………………… 119

4.2.2　HAL 层实现 ……………………………………………………… 119

4.2.3　WLAN 服务基本介绍 …………………………………………… 120

4.2.4　系统组件调用 …………………………………………………… 120

4.2.5　LwIP 组件适配 …………………………………………………… 121

4.2.6　第三方组件适配 ………………………………………………… 122

4.2.7　XTS 认证 ………………………………………………………… 123

4.3　常见问题 ………………………………………………………………… 124

4.4　本章小结 ………………………………………………………………… 124

4.5　课后习题 ………………………………………………………………… 124

第 5 章　IoT 组件开发 ……………………………………………………………… 125

5.1　GPIO ……………………………………………………………………… 125

5.1.1　简介 ……………………………………………………………… 125

5.1.2　GPIO 相关寄存器 ………………………………………………… 125

5.1.3　接口说明 ………………………………………………………… 129

5.1.4　GPIO 驱动实例 …………………………………………………… 132

5.2　I²C ………………………………………………………………………… 140

5.2.1　I²C 简介 …………………………………………………………… 140

5.2.2　I²C 协议 …………………………………………………………… 141

5.2.3　I²C 硬件寄存器 …………………………………………………… 143

5.2.4　I²C 接口代码 ……………………………………………………… 147

5.3　SPI ………………………………………………………………………… 151

5.3.1　SPI 设备的连接 …………………………………………………… 152

5.3.2　SPI 数据传输特性 ………………………………………………… 153

5.3.3　SPI 硬件寄存器 …………………………………………………… 153

5.3.4　接口说明 ………………………………………………………… 156

5.3.5　使用实例 ………………………………………………………… 158

5.4　PWM ……………………………………………………………………… 168

5.4.1　简介 ……………………………………………………………… 168

5.4.2　PWM 硬件控制 …………………………………………………… 169

5.4.3　接口说明 ………………………………………………………… 171

5.4.4　使用实例 ………………………………………………………… 172

5.5　UART ……………………………………………………………………… 178

5.5.1　UART 通信协议 …………………………………………………… 178

　　　　5.5.2　UART 功能描述 ··· 179

　　　　5.5.3　UART 控制器 ··· 179

　　　　5.5.4　接口说明 ··· 181

　　5.6　WATCHDOG ·· 182

　　　　5.6.1　简介 ··· 182

　　　　5.6.2　WDT 寄存器描述 ··· 182

　　5.7　本章小结 ··· 183

　　5.8　课后习题 ··· 183

第 6 章　SimpleGUI 显示 ··· 185

　　6.1　获取 SimpleGUI ·· 185

　　6.2　GUI 与 HMI ·· 186

　　6.3　坐标系定义 ··· 186

　　6.4　设备对象 ··· 186

　　6.5　基础绘图 ··· 187

　　　　6.5.1　数据类型定义 ·· 188

　　　　6.5.2　环境参数设置 ·· 188

　　　　6.5.3　基本数据类型定义 ·· 189

　　　　6.5.4　特殊数据类型定义 ·· 189

　　　　6.5.5　接口函数 ··· 190

　　6.6　实时时钟 ··· 193

　　6.7　API ··· 193

　　　　6.7.1　绘图 API ··· 193

　　　　6.7.2　共通处理 API ·· 193

　　6.8　本章小结 ··· 199

　　6.9　课后习题 ··· 199

第 7 章　HTML5 开发示例 ·· 200

　　7.1　应用场景硬件的搭建 ·· 200

　　7.2　HTML5 简介 ·· 200

　　7.3　鸿蒙应用开发框架 ··· 201

　　7.4　HTML5 示例简介 ··· 201

　　7.5　ECharts 数据可视化组件介绍 ·· 201

　　　　7.5.1　ECharts 数据可视化组件下载及图表绘制 ················· 202

　　　　7.5.2　创建组件与编码 ··· 203

　　　　7.5.3　HTML5 应用展示 ··· 210

　　7.6　本章小结 ··· 212

　　7.7　课后习题 ··· 212

第1章

操作系统概述

1.1　操作系统的发展历程

操作系统的历史在某种意义上讲也是计算机的历史。操作系统提供对硬件控制的调用和应用程序所必需的功能。

早期的计算机没有操作系统。用户有单独的机器,人们会带着记录着程序和数据的卡片或较后期的打孔纸去操作机器。程序读入机器后,机器就开始工作直到程序停止。由于程序难免有误,所以机器通常会中途崩溃。程序一般通过控制板的开关和状态灯来调试。据说图灵能非常熟练地用这种方法操作 Manchester Mark I 机器。

后来,机器引入了帮助程序输入、输出等工作的代码库。这是现代操作系统的起源,然而,机器每次只能执行一件任务。在英国剑桥大学,这些任务的磁带从前被排成一排挂在衣钩上,衣钩的颜色代表任务的优先级。

实际上,概念意义上的操作系统和通俗意义上的操作系统差距越来越大。通俗意义上的操作系统为了方便而把最普通的包和应用程序的集合包括在操作系统内。随着操作系统的发展,一些功能更强的"第二类"操作系统软件也被包括进去。在今天,如果没有图形界面和各种文件浏览器就不能被称为一个真正的操作系统了。

早期的操作系统非常多样化,生产商会生产出针对各自硬件的系统。每个操作系统都有不同的命令模式、操作过程和调试工具,即使它们来自同一个生产商。最能反映这一状况的是,厂家每生产一台新的机器都会配备一套新的操作系统。这种情况一直持续到 20 世纪 60年代,IBM 公司开发了 System/360 系列机器。尽管这些机器在性能上有明显的差异,但是这些机器有统一的操作系统——S/360。后来,S/360 的成功陆续地催化出 MFT、MVT、SVS、MVS、MVS/XA、MVS/ESA、S/390 和 z/S。

UNIX 操作系统是由 AT&T 公司开发出来的。由于它的早期版本是完全免费的,并且可以轻易获得并随意修改,所以得到了广泛应用。后来,它成为开发小型机操作系统的起点。由于早期的广泛应用,UNIX 已经成为操作系统的典范。不过,它始终属于 AT&T 公司,只有那些能负担得起许可费的企业才用得起,这限制了它的应用范围。

早期的操作系统是可以被用户软件所利用的功能的集合。一些有能力的公司开发出更好的系统,但这些系统通常不支持其他公司硬件的特性。

20世纪60年代末70年代初,几种硬件支持相似的或提供端口的软件可在多种系统上运行。早期的系统已经利用微程序实现某些功能。

20世纪80年代前,第一部计算机并没有操作系统。这是由于早期计算机的建立方式(如同建造机械算盘)与效能不足以执行如此程序。1947年发明了晶体管,以及莫里斯·威尔克斯(Maurice Vincent Wilkes)发明的微程序方法,使计算机不再是机械设备,而是电子产品。系统管理工具及简化硬件操作流程的程序很快就出现了,并且成为操作系统的滥觞。到了60年代早期,商用计算机制造商制造了批次处理系统,此系统可将工作的建置、调度及执行序列化。此时,厂商为每台不同型号的计算机开发不同的操作系统,因此为某计算机而写的程序无法移植到其他的计算机上执行,即使是同型号的计算机也不行。

到了1964年,IBM公司推出了一系列用途与价位都不同的大型计算机,IBM System/360是大型主机的经典之作,而它们都共享代号为OS/360的操作系统(非每种产品都用量身定做的操作系统)。让单一操作系统适用于整个系列的产品是System/360成功的关键,并且实际上IBM公司目前的大型系统便是此系统的后裔,为System/360所写的应用程序依然可以在现代的IBM机器上执行!

OS/360推动了永久存储设备硬盘驱动器(Direct Access Storage Device,DASD)的面世。并且建立了分时概念:将大型计算机珍贵的时间资源适当地分配到所有使用者身上。分时也让使用者有独占整部机器的感觉,而Multics的分时系统是当时众多新操作系统中实践此观念最成功的。

1963年,奇异公司与贝尔实验室合作以PL/I语言建立的Multics是激发70年代众多操作系统建立的灵感来源,尤其是由AT&T及贝尔实验室的丹尼斯·里奇与肯·汤普森所研发的UNIX系统,为了实践平台移植能力,此操作系统在1969年由C语言重写;另一个广为市场采用的小型计算机操作系统是VMS。

微型处理器的发展使计算机被广泛地应用于中小企业,甚至个人爱好者也可以拥有自己的计算机,而计算机的普及又推动了硬件组件公共接口的发展(如S-100、SS-50、Apple Ⅱ、ISA和PCI总线),并逐渐地要求有一种"标准"的操作系统去控制它们。在这些早期的计算机中,主要的操作系统是8080/8085/Z-80CPU用的Digital Research's CP/M-80,它建立在数码设备公司(Digital Research)的几个操作系统的基础上,主要针对PDP-11架构。在此基础上又产生了MS-DOS(或IBM公司的PC-DOS)。这些计算机在只读存储器(Read-Only Memory,ROM)上都有一个小小的启动程序,可以把操作系统从磁盘装载到内存。IBM-PC系列的BIOS是这一思想的延伸。自1981年第一台IBM-PC诞生以来,BIOS的功能得到不断的增强。

随着显示设备和处理器成本的降低,很多操作系统开始提供图形用户界面。如UNIX提供的X-Window一类的系统、微软的Windows系统、苹果公司的Mac系统和IBM公司的S/2系统等。最初的图形用户界面是由Xerox Palo Alto研究中心在20世纪70年代初期研发出来的,之后被许多公司模仿、继承及发展。

20世纪80年代第1代微型计算机并不像大型计算机或小型计算机,没有安装操作系统的需求或能力;它们只需最基本的操作系统,通常这种操作系统从ROM读取数据,此种程序被称为监视程序(Monitor)。

1980 年，家用计算机开始普及。通常此时的计算机拥有 8 比特处理器加上 64KB 内存、屏幕、键盘及低音质扬声器，而 20 世纪 80 年代早期最著名的套装计算机为使用微处理器6510（6502 芯片特别版）的 Commodore 64。此计算机没有操作系统，而是以一个 8KB 只读内存 BIOS 初始化彩色屏幕、键盘及软驱和打印机。它可用 8KB 只读内存通过 BASIC 语言来直接操作 BIOS，并依此撰写程序，大部分程序是游戏。BASIC 语言的解释器勉强可算是此计算机的操作系统，当然没有内核或软硬件保护机制。此计算机上的游戏大多跳过 BIOS 层，直接控制硬件，家用计算机 Commodore 64 的抽象架构包括简单应用程序机器语言（游戏直接操作）、8KB BASIC ROM、8KB ROM-BIOS、硬件（中央处理器、存储设备等）。

早期最著名的磁盘启动型操作系统是 CP/M，它支持许多早期的微计算机，并且被 MS-DOS 大量抄袭其功能。

最早期的 IBM PC 架构类似 Commodore 64。当然它们也使用了 BIOS 以初始化与抽象化硬件的操作，甚至也附了一个 BASIC 解释器。但是它的 BASIC 优于其他公司产品的原因在于可携性，并且兼容任何符合 IBM PC 架构的机器。这样的 PC 可利用 Intel-8088 处理器（16 比特寄存器）寻址，并最多可有 1MB 的内存，然而最初只有 640KB。软式磁盘机取代了过去的磁带机，成为新一代的存储设备，并可在 512KB 的空间上读写。为了支持更进一步的文件读写，磁盘操作系统（Disk Operating System，DOS）诞生。DOS 可以合并任意数量的磁区，因此可以在一张磁盘上放置任意数量与大小的文件。文件之间以文档名区别。IBM 公司并没有很在意其上的 DOS，因此以向外部公司购买的方式取得了 DOS。

1980 年微软公司取得了与 IBM 公司的合约，并且收购了一家公司研发的操作系统，在将之修改后以 MS-DOS 的名义出品，此操作系统可以直接让程序操作 BIOS 与文件系统。到了 Intel-80286 处理器时代，才开始采用基本的存储设备保护措施。MS-DOS 的架构并不足以满足所有需求，因为它只能同时执行一个程序（如果想要同时执行多个程序，则只能使用 TSR 的方式跳过操作系统，而由程序自行处理多任务的部分），并且没有任何内存保护措施。对驱动程序的支持也不够完整，因此导致诸如音效设备必须由程序自行设置的状况，从而造成很多不兼容的情况。某些操作的效能也很糟糕。许多应用程序因此跳过 MS-DOS 的服务程序，直接存取硬件设备以取得较好的效能。虽然如此，MS-DOS 还是变成了 IBM PC 上最常用的操作系统（IBM 公司自己也推出了 DOS，称为 IBM-DOS 或 PC-DOS）。MS-DOS 的成功使微软成为最赚钱的公司之一。MS-DOS 在个人计算机上的抽象架构包括普通应用程序（Shell Script、文本编辑器）、MS-DOS（文件系统）、BIOS（驱动程序）、硬件（中央处理器、存储设备等）。

20 世纪 90 年代，苹果公司的第 1 代产品 Apple Ⅰ 计算机面世。延续 20 世纪 80 年代的竞争，90 年代出现了许多影响未来个人计算机市场的操作系统。由于图形用户界面日趋繁复，操作系统的功能也越来越复杂，因此强韧且具有弹性的操作系统就成了当时迫切的需求。此年代是许多套装类的个人计算机操作系统互相竞争的时代。

20 世纪 70 年代崛起的苹果计算机，由于旧系统的设计不良，使其后继发展不力，苹果公司决定重新设计操作系统。经过许多失败的项目后，苹果公司于 1997 年释出新操作系统——macOS 的测试版，而后推出的正式版取得了巨大成功。让原先失意离开苹果的史蒂夫·乔布斯风光再现。

除了商业主流的操作系统外,从1980年起在开放源码的世界中,BSD系统也发展了非常久,但在1990年由于与AT&T的法律争端,使远在芬兰赫尔辛基大学的另一个开源操作系统Linux兴起。Linux内核是一个标准POSIX内核,其血缘可算是UNIX家族的一支。Linux与BSD家族都搭配GNU计划所发展的应用程序,但是由于使用的许可证及历史因素,Linux取得了相当可观的开源操作系统市场占有率,而BSD则小得多。

相较于MS-DOS的架构,Linux除了拥有傲人的可移植性(MS-DOS主要运行在Intel CPU上),它也是一个分时多进程内核,拥有良好的内存空间管理(普通的进程不能存取内核区域的内存),想要存取任何非自己的内存空间的进程只能通过系统调用达成。一般进程处于使用者模式(User Mode),而执行系统调用时会被切换成内核模式(Kernel Mode),所有的特殊指令只能在内核模式执行,此措施让内核可以完美地管理系统内部与外围设备,并且拒绝无权限的进程提出的请求,因此理论上任何应用程序执行时的错误都不可能让系统崩溃(Crash)。几乎完整的Linux架构包括使用者、模式应用程序(sh、vi、OpenOffice.org等)、复杂函数库(KDE、glib等)、简单函数库(opendbm、sin等)、C函数库(open、fopen、socket、exec、calloc等)、内核、以及模式系统中断、调用、错误等软硬件消息,此外还包括内核(驱动程序、进程、网络、内存管理等)、硬件(处理器、内存等)等。

而微软公司对于更强力的操作系统的呼声的回应便是Windows NT于1999年面世。

1983年开始微软公司就想要为MS-DOS建构一个图形化的操作系统应用程序,称为Windows。一开始Windows并不是一个操作系统,只是一个应用程序,其背景还是纯MS-DOS系统,这是因为当时的BIOS设计及MS-DOS的架构不甚良好。在1990年初,微软公司与IBM公司的合作破裂,微软公司从OS/2(早期为命令行模式,后来成为一个很成功但是曲高和寡的图形化操作系统)项目中抽身,并且在1993年7月27日推出Windows 3.1,一个以OS/2为基础的图形化操作系统,并在1995年8月15日推出Windows 95。直到这时,Windows系统依然是建立在MS-DOS的基础上,因此消费者莫不期待微软公司在2000年所推出的Windows 2000,因为它才算是第1个脱离MS-DOS基础的图形化操作系统。

在硬件阶层之上,有一个由微内核直接接触的硬件抽象层(HAL),而不同的驱动程序以模块的形式挂载在内核上执行,因此微内核可以使用诸如输入输出、文件系统、网络、信息安全机制与虚拟内存等功能,而系统服务层提供所有统一规格的函数调用库,可以统一所有副系统的实际调用接口方法。例如,尽管POSIX与OS/2对于同一件服务的名称与调用方法差异甚大,但是它们一样可以无碍地运行于系统服务层上。在系统服务层之上的副系统,全都是使用者模式,因此可以避免使用者执行非法行动。

简化版本的Windows NT抽象架构包括使用者、模式OS/2、应用程序Win32、应用程序DOS、程序Win16、应用程序POSIX、其他应用程序、其他DLL函数库、DOS系统、Windows模拟系统、OS/2副系统、Win32副系统、POSIX.1副系统、内核、模式系统服务层、输入输出管理、文件系统、网络系统、对象管理系统、安全管理系统、进程管理、对象间通信管理、进程间通信管理、虚拟内存管理、微内核窗口管理程序、驱动程序硬件抽象层图形驱动、硬件(处理器、内存、外围设备等)、副系统架构。

第1个实际运行系统服务的副系统群当然是以前的微软系统。DOS副系统将每个DOS

程序当成一个进程执行,并以个别独立的 MS-DOS 虚拟机器承载其运行环境;另一个是 Windows 3.1 模拟系统,实际上是在 Win32 副系统下执行 Win16 程序,因此达到了安全掌控为 MS-DOS 与早期 Windows 系统所撰写的旧版程序的能力,然而此架构只在 Intel 80386 处理器及后继机型上运行,且某些会直接读取硬件的程序,例如大部分的 Win16 游戏就无法套用这套系统,因此很多早期游戏便无法在 Windows NT 上执行。Windows NT 有 3.1、3.5、3.51 与 4.0 版。

Windows 2000 是 Windows NT 的改进系列(事实上是 Windows NT 5.0),Windows XP (Windows NT5.1)及 Windows Server 2003(Windows NT 5.2)与 Windows Vista(Windows NT 6.0)也都是基于 Windows NT 的架构。

而渐渐增长并越趋复杂的嵌入式设备市场也促进了嵌入式操作系统的成长。现代操作系统通常有一个使用绘图设备的图形化使用者界面,并附加如鼠标或触控面板等有别于键盘的输入设备。旧的操作系统或效能导向的服务器通常不会有如此亲切的接口,而是以命令行接口(CLI)加上键盘为输入设备。以上两种接口其实都是所谓的壳,其功能为接受并处理使用者的指令。

选择要安装的操作系统通常与其硬件架构有很大关系,只有 Linux 与 BSD 几乎可在所有硬件架构上执行,而 Windows NT 仅移植到了 DEC Alpha 与 MIPS Magnum。

在 1990 年早期,个人计算机的选择就已被局限在 Windows 家族、类 UNIX 家族及 Linux 上,而选择 Linux 及 macOS 的为少数。

大型主机与嵌入式系统使用多样化的操作系统。很多大型主机开始支持 Java 及 Linux,以便共享其他平台的资源。嵌入式系统百家争鸣,从给 Sensor Networks 用的 Berkeley TinyOS 到可以操作 Microsoft Office 的 Windows CE 都有。

计算机网络的出现催生了网络操作系统,随着移动终端及无线网络技术、局域网技术的不断发展,人们必将需要一种可以方便控制计算机及移动终端的系统。人们一定希望能像操作计算机一样在手机等移动终端上处理各种工作。这一点可以从苹果公司 iPhone 的热销看出来。

虽然在手机领域,嵌入式操作系统已有些通用操作系统的影子,然而在其他领域,如家电及机器人领域,就是完全独立的了,然而已有不少将家庭中的所有电器集中用一台计算机管理的设想。"数字家庭"就以计算机技术和网络技术为基础,各种家电通过不同的互连方式进行通信及数据交换,以期实现家用电器之间的"互联互通"。

这就对操作系统提出新的要求:能够管理完全不同的几类设备。也许在不久以后,人们可以像访问路由器一样访问家用电器。

随着操作系统的发展,以及计算机应用领域的扩展,安全问题显得越来越重要。和层出不穷的病毒和木马的斗争一直没有停止过,而闻名的超级工厂病毒,则使安全问题不再仅仅局限于普通的通用计算机操作系统。安全问题将推动操作系统个性化发展。

1.2　认识 OpenHarmony

"鸿蒙"是天地之始,是世界太元之初。鸿蒙孕育着万物,是一切美好之开端,是世界万物的本源。有了"鸿蒙",才会有盘古"开天辟地",这寓意着国人打破操作系统桎梏的决心,有了研发操作系统之心,才会有以华为敢为天下先,开天辟地的"那一斧"。"鸿蒙"是新的开始,是勇气、信念、号召、行动。

OpenHarmony 与 HarmonyOS 关键的区别在于 open。OpenHarmony 是由开放原子开源基金会(Open Atom Foundation)孵化及运营的开源项目,目标是面向全场景、全连接、全智能时代,基于开源的方式,搭建一个智能终端设备操作系统的框架和平台,促进万物互联产业的繁荣发展。

OpenHarmony 系统是面向未来的系统,本节将介绍 OpenHarmony 系统出现的历史背景,开发 OpenHarmony 的意义及 OpenHarmony 历史版本的特性。

时代的进步已经将"万物互联"推向最高潮。回顾通信技术史可以发现,实现更有广度、深度的"连接"是人类内心深切的需求和渴望,包括人与人的连接,以及人与物、物与物的连接。例如,家里的电视机、冰箱、洗衣机;小区的电梯、门禁、停车道闸;城市里的车辆、路灯、摄像头等,当以上种种都有了产生、传输数据的能力,真正意义上的万物互联将成为现实,更大的商业空间就此打开。

从 OpenHarmony 推出至今,已更新到 OpenHarmony 3.1 版本,且不说系统推出时,便有一石激起千层浪的效应,后续一系列举措让 OpenHarmony 系统持续占据着行业话题"C 位",并让该系统与物联网产业的创新迭代密切相连。在业界人士看来,OpenHarmony 系统并非单纯的手机系统,而是面向万物互联的全场景智慧生活,可以赋能 5G、物联网(IoT)、工业互联等诸多领域。

OpenHarmony 系统是智能时代发展的产物。万物互联时代,如何发挥和协调各种物联网设备的作用有不同的途径。例如,有人强调提升各个设备的能力,希望通过设备间的通信实现互动,而 OpenHarmony 系统则强调实现不同硬件的深度融合,即使这些硬件并没有用导线连在一起,但通过无线连接、软件定义,这些设备可以灵活地构成一个功能强大的超级终端。

OpenHarmony 系统面向物联设备操作系统的碎片化问题,旨在提供灵活、可裁剪的操作系统和物联通信协议,以有效实现多设备统一内核、弹性部署、设备间通信和资源共享。用户跨设备使用时操作更加顺滑简单;同时,开发者一次开发,可以多端部署,按需调度全部设备潜力。OpenHarmony 系统应用效果表明,这是一条切实可行的途径。该系统的问世必将大大加速中国物联网在全球的推广应用,推动人与万物联结新时代的到来。

这也实现了共商、共建、共享、共赢,体现了开源治理的建设理念。OpenHarmony 将不只是华为的鸿蒙,其开放源代码后,也将是中国的鸿蒙、世界的鸿蒙。OpenHarmony 系统有助于打通手机这一万物互联的关键一环,从而全面打通智能手机、智能家居、智能穿戴、智能汽车等设备的界限,实现跨设备协同,建立跨设备融合的生态系统。加强软硬一体化应用生态、多设备协同能力、设备间一致性体验,是未来技术方向和产业发展的趋势。物联网发展的关键点在于跨平台、跨终端的产业协同。OpenHarmony 社区建设主要强调开发者参与度和原创贡献度,需要通过市场吸引贡献者和原创技术,最终解决"卡脖子"问题和应用生态问题,让基础软件设施不再受制于人。

1.3 OpenHarmony 简介

1.3.1 系统类型

OpenHarmony 是一个面向全场景,支持各类设备的系统。这里的设备包括像 MCU 单片机这样资源较少的芯片,也支持像 RK3568 这样的多核 CPU。为了能适应各种硬件,OpenHarmony 提供了像 LiteOS、Linux 这样的不同内核,并基于这些内核形成了不同的系统类型,同时又在这些系统中构建了一套统一的系统能力。内核与系统类型的对应关系如图 1-1 所示。

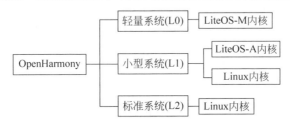

图 1-1 内核与系统类型的对应关系

为了保证在不同硬件上的易用性,OpenHarmony 定义了 3 种基础系统类型,设备开发者通过选择基础系统类型完成必选组件集配置后,便可实现最小系统的开发。

1. 轻量系统(Minisystem)

面向 MCU 类处理器,例如 ARM Cortex-M、RISC-V 32 位的设备,轻量系统硬件资源极其有限,支持的设备最小内存为 128KB,可以提供多种轻量级网络协议、图形框架,以及丰富的 IoT 总线读写器件等。可支撑的产品如智能家居领域的连接类模组、传感器设备、穿戴类设备等。典型的设备、开发板有 Hi3861 鸿蒙小车、Neptune 开发板。

2. 小型系统(Smallsystem)

面向应用处理器,例如 ARM Cortex-A 的设备,支持的设备最小内存为 1MB,可以提供更高的安全能力、标准的图形框架、视频编解码的多媒体能力。可支撑的产品如智能家居领域的 IPCamera、电子猫眼、路由器及智慧出行领域的行车记录仪等。

3. 标准系统(Standardsystem)

面向应用处理器,例如 ARM Cortex-A 的设备,支持的设备最小内存为 128MB,可以提供增强的交互能力、3D GPU 及硬件合成能力、更多控件及动效更丰富的图形能力、完整的应用框架。可支撑的产品如高端的冰箱显示屏。

1.3.2 OpenHarmony 的技术架构

OpenHarmony 整体采用分层设计,由下向上依次为内核层、系统服务层、框架层和应用层。系统功能按照"系统—子系统—组件"逐级展开,可根据设备性能和实际需求裁剪组件实现系统专用性。OpenHarmony 技术架构如图 1-2 所示。

1. 内核层

内核层包括内核子系统和驱动子系统,其中内核子系统采用了混合内核(Linux 内核和 LiteOS)设计,支持针对不同资源受限设备选用适合的操作系统内核。内核抽象层(Kernel Abstract Layer,KAL)通过屏蔽多内核差异,对上层提供基础的内核能力,包括进程/线程管

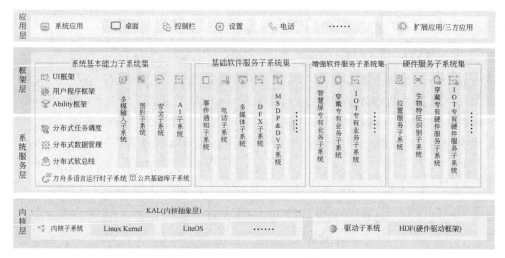

图 1-2　OpenHarmony 技术架构

理、内存管理、文件系统、网络管理和外围设备管理等。

1) 内核子系统

内核子系统是 OpenHarmony 操作系统的核心部分,主要负责系统的启动和运行,提供了处理器管理、内存管理、进程管理、调度管理、中断管理等基本功能。它的设计目标是为各个子系统提供一个可靠的运行环境,同时支持多种处理器架构和多种设备。

OpenHarmony 针对不同量级的系统使用了不同形态的内核,分别为 LiteOS 和 Linux。轻量系统、小型系统可以选用 LiteOS;小型系统和标准系统可以选用 Linux。详细情况如表 1-1 所示。

表 1-1　内核选用情况

系 统 级 别	轻 量 系 统	小 型 系 统	标 准 系 统
LiteOS	√	√	×
Linux	×	√	√

OpenHarmony LiteOS 内核是面向 IoT 领域的实时操作系统内核,它同时具备 RTOS 轻快和 Linux 易用的特点。OpenHarmony LiteOS 内核的源代码分为 kernel_liteos_a 和 kernel_liteos_m 两个代码仓库,其中 kernel_liteos_a 主要针对小型系统和标准系统,而 kernel_liteos_m 则主要针对轻量系统。OpenHarmony LiteOS-A 内核架构如图 1-3 所示。

2) 驱动子系统

驱动子系统采用 C 面向对象编程模型构建,通过平台解耦、内核解耦,兼容不同内核,提供了归一化的驱动平台底座,旨在为开发者提供更精准、更高效的开发环境,力求做到一次开发,多系统部署。为了缩减驱动开发者的驱动开发周期,降低三方设备驱动集成难度,OpenHarmony 驱动子系统支持以下关键特性和能力。

(1) 弹性化的框架能力:在传统驱动框架能力的基础上,OpenHarmony 驱动子系统通过构建弹性化的框架能力,可支持百千级别到百兆级别容量的终端产品形态部署。

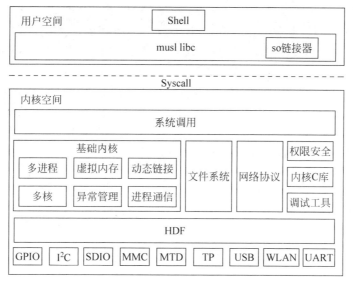

图 1-3 OpenHarmony LiteOS-A 内核架构

（2）规范化的驱动接口：定义了常见驱动接口，为驱动开发者和使用者提供丰富、稳定的接口，并和面向手机、平板电脑、智慧屏等设备驱动接口保持 API 兼容性。

（3）组件化的驱动模型：为开发者提供更精细化的驱动管理，开发者可以对驱动进行组件化拆分，使驱动开发者可以更多地关注驱动与硬件交互部分。同时，系统也预置了部分模板化的驱动模型组件，如网络设备模型等。

（4）归一化的配置界面：提供统一的配置界面，构建跨平台的配置转换和生成工具，实现跨平台的无缝切换。

为了方便驱动开发者更易开发 OpenHarmony 驱动程序，OpenHarmony 驱动子系统在DevEco 集成了驱动开发套件工具，支持驱动工程管理、驱动模板生成、配置管理等界面化操作。

综上，可根据不同设备形态部署环境，其中基础软件服务子系统集、增强软件服务子系统集、硬件服务子系统集内部可按子系统粒度裁剪，每个子系统内部又可以按功能粒度裁剪。

2. 系统服务层与框架层

系统服务层是 OpenHarmony 的核心能力集合，通过框架层对应用程序提供服务，其中包括系统基本能力子系统集、基础软件服务子系统集、增强软件服务子系统集、硬件服务子系统集，横跨了系统服务层和框架层。

1）系统基本能力子系统集

系统基本能力子系统集为分布式应用在多设备上的运行、调度、迁移等操作提供了基础能力，由分布式软总线、分布式数据管理、分布式任务调度、公共基础库、多模输入、图形、安全、AI 等子系统组成。

系统基本能力子系统集是 OpenHarmony 中最重要的子系统集，下面对该子系统集进行介绍。

（1）ArkUI 框架、Ability 框架和用户程序框架。这部分涉及的是 OpenHarmony 中的 JS

UI框架,它是 OpenHarmony UI 开发框架的一部分,提供了基础类、容器类、画布类等 UI 组件和标准 CSS 动画能力,为开发者提供了 UI 开发的 API 基础。JS UI 框架支持类 Web 编程范式,使用类 HTML 和 CSS 作为页面布局和样式的开发语言,使用 ECMAScript 规范的 JavaScript 语言作为页面业务逻辑的开发语言。使用 JS UI 框架,开发者可以避免编写 UI 状态切换的代码,视图配置信息更加直观,从而提高开发效率。在每个 OpenHarmony 应用程序中,JS UI 框架都扮演着重要的角色。

(2)分布式框架。分布式软总线、分布式数据管理、分布式任务调度为 OpenHarmony 操作系统提供系统服务层基础,为分布式应用运行、调度、迁移操作提供基础能力。

分布式软总线:分布式软总线是多设备终端的统一基座,为设备间的无缝互联提供了统一的分布式通信能力,能够快速发现并连接设备,高效地传输任务和数据。其包括的通信能力有 WLAN 服务能力、蓝牙服务能力、软总线、进程间通信(Remote Procedure Call,RPC)等。分布式软总线子系统架构如图 1-4 所示。

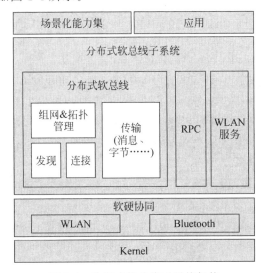

图 1-4　分布式软总线子系统架构

分布式数据管理:基于分布式软总线之上的能力,实现了应用程序数据和用户数据的分布式管理。用户数据不再与单一物理设备绑定,业务逻辑与数据存储分离,应用跨设备运行时数据可无缝衔接,为打造一致、流畅的用户体验创造了基础条件。分布式数据管理子系统架构如图 1-5 所示。

分布式任务调度:分布式任务调度基于分布式软总线、分布式数据管理、分布式 Profile 等技术特性,构建统一的分布式服务管理(发现、同步、注册、调用)机制,支持对跨设备的应用进行远程启动、远程调用、绑定/解绑及迁移等操作,能够根据不同设备的能力、位置、业务运行状态、资源使用情况并结合用户的习惯和意图,选择最合适的设备运行分布式任务。

(3)方舟多语言运行时子系统。由于 Android 系统对以 Java 语言编写的代码无法直接被编译为机器语言,因此必须由 ART 虚拟机提供支持。这样便会消耗大量硬件资源,从而使 Android 系统失去了性能优势。在 Android 诞生的初期,其性能问题常常被广大用户诟病。为此,华为公司研发了方舟编译体系。方舟编译体系包含了方舟编译器和方舟多语言运行时

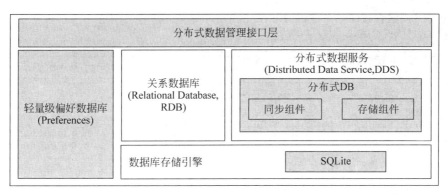

图 1-5　分布式数据管理子系统架构

子系统。在方舟编译体系中,方舟编译器用来编译用户程序或库程序(用 C/C++、Java、JavaScript 等语言),可以编译成二进制机器码也可以编译成 Maple IR 的中间代码格式。在 OpenHarmony 中,通过方舟多语言运行时子系统的支持,可有效地提高 Java 等程序的运行效率,提高软件性能。方舟多语言运行时子系统是 OpenHarmony 中的重要一环,让 OpenHarmony 拥有优秀的性能优势。

(4) AI 业务子系统:OpenHarmony 提供原生的分布式 AI 能力。开源范围是提供了统一的 AI 引擎框架,实现算法能力快速插件化集成。框架中主要包含插件管理、模块管理和通信管理等模块,对 AI 算法能力进行生命周期管理和按需部署。后续会逐步定义统一的 AI 能力接口,便于 AI 能力的分布式调用。同时提供适配不同推理框架层级的统一推理接口。AI 引擎框架如图 1-6 所示。

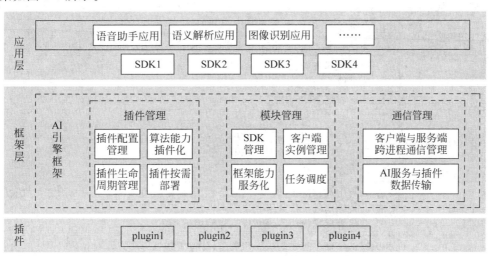

图 1-6　AI 引擎框架

(5) 文件管理子系统是公共基础库的一个核心子系统,它提供了完整的文件数据管理解决方案,包括为应用提供安全的沙箱隔离技术、统一的公共文件管理能力、分布式文件系统和云接入文件系统访问框架、支持公共数据、跨应用、跨设备的系统级文件分享能力及存储管理能力和基础文件系统能力。这些功能可以保证用户数据的安全性和易用性,方便应用程序开发者进行文件数据管理。

文件管理子系统架构如图 1-7 所示。

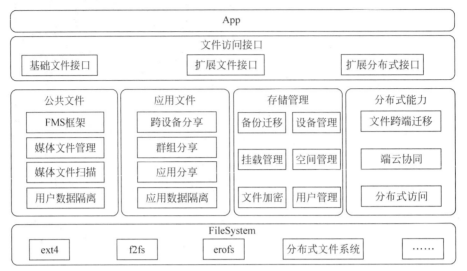

图 1-7　文件管理子系统架构

文件管理子系统对应用提供文件访问框架、文件分享框架、存储管理框架能力,其详细介绍如表 1-2 所示。

表 1-2　文件管理子系统对应用的能力

模　块	详　细　描　述
文件访问接口	(1) 提供完整文件 JavaScript 接口,支持基础文件访问能力 (2) 提供本地文件、分布式文件和云端文件扩展接口
存储管理	(1) 提供数据备份恢复框架能力,支持系统和应用数据备份等场景 (2) 提供应用空间清理和统计、配额管控等空间管理能力 (3) 提供挂载管理、外卡管理、设备管理及多用户管理等存储管理能力
公共文件	(1) 公共数据沙箱隔离,保证用户数据安全、纯净 (2) 统一公共数据访问入口,仅 medialibrary (3) 提供统一的 FMF 文件管理框架 (4) 支持分布式和端云能力
应用文件	(1) 为应用提供安全的沙箱隔离技术,在保证应用数据安全的基础上让权限最小化 (2) 支持应用间文件分享和文件跨设备分享,支持群组分享 (3) 应用可以像使用本地文件一样使用分布式和云端文件
分布式能力	(1) 提供基础分布式跨端访问能力,支持同账号分布式访问和异账号临时访问 (2) 支持端云协同能力,用户应用无感数据位置 (3) 支持文件跨端迁移能力,支撑应用迁移、分布式剪切板等分布式场景
基础文件系统	(1) 支持 ext4、f2fs、exfat、ntfs 等本地文件系统 (2) 支持分布式文件系统、nfs 等网络文件系统 (3) 文件系统相关工具

（6）用户 IAM(Identity and Access Management)子系统是用户身份和访问管理子系统，旨在为 OpenHarmony 提供统一的用户身份凭据信息管理和用户身份认证框架能力，支持多用户分别设置认证凭据信息，并根据用户设置的认证凭据信息提供用户身份认证功能，支撑锁屏等安全场景。同时，用户 IAM 子系统也提供 API，支持三方开发者调用系统提供的身份认证能力实现业务对用户的访问控制要求。用户 IAM 子系统架构如图 1-8 所示。

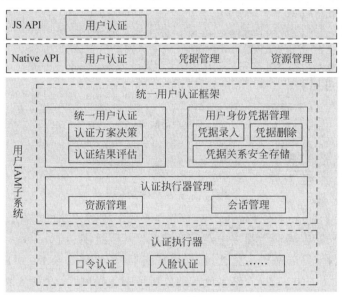

图 1-8　用户 IAM 子系统架构

用户 IAM 子系统分为统一用户认证框架和认证执行器两部分，其中统一用户认证框架部分包含统一用户认证和用户身份凭据管理。认证执行器管理提供认证资源管理和认证会话管理功能，支持系统内身份认证相关执行器统一管理和协同调度，支持不同类型的身份认证执行器灵活对接。基于统一用户认证框架，系统可以扩展支持多种认证能力。OpenHarmony 框架当前已经支持的认证执行器包含口令认证和人脸认证，如果开发者想实现新的认证执行器，则只需在新的部件内实现认证相关功能，并且按照执行器管理模块定义的接口与统一用户认证框架对接。在用户 IAM 子系统内，将一个用户身份认证操作的最小执行单元称为执行器，如一个口令认证模块，处理口令采集、口令处理和比对、口令安全存储的全过程，因此可以抽象为一个口令认证的全功能执行器。

（7）多模输入子系统基于 Linux 原生驱动和 HDF 驱动接收多种设备输入事件，并对这些事件进行归一化和标准化处理，最终通过 innerkit 分发到 ArkUI 框架或用户程序框架。该子系统使开发者能够轻松地实现具有多维、自然交互特点的应用程序。

（8）图形子系统包括 UI 组件、布局、动画、字体、输入事件、窗口管理、渲染绘制等模块，构建基于轻量操作系统的应用框架，满足硬件资源较小的物联网设备；或者构建基于标准操作系统的应用框架，满足富设备（如平板电脑和轻智能机等）的 OpenHarmony 系统应用开发。

（9）安全子系统包括系统安全、数据安全、应用安全等功能，为 OpenHarmony 提供有效保护应用和用户数据的能力。安全子系统当前开源的功能包括应用完整性保护、应用权限管理、设备认证、密钥管理服务、数据传输管控。安全子系统架构如图1-9所示。

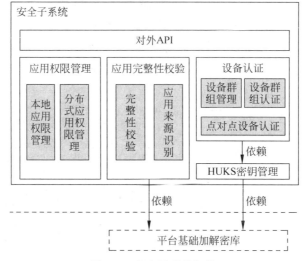

图 1-9　安全子系统架构

接下来对安全子系统框架进行介绍。①安全子系统的对外 API,部分 API 只针对系统应用开放;②应用权限管理模块为程序框架子系统提供权限管理功能,并为上层应用提供权限申请和授权状态查询接口;③应用完整性校验模块提供了以下能力支持:应用签名、应用安装校验、签名工具、签名证书生成规范、签名所需的公钥证书等机制;④设备认证为分布式设备互联提供密钥协商和可信设备管理能力。设备认证的目标是实现归一化的设备认证方案,实现覆盖 1+8+N 的设备绑定/认证方案;⑤数据传输管控:提供了数据传输管控相关的接口定义。在 OpenHarmony 中,数据传输管控模块负责为分布式服务提供数据跨设备传输时的管控策略。数据传输管控模块提供了数据传输管控相关的接口定义。数据传输管控接口为分布式服务提供数据跨设备传输时的管控策略,获取允许发送到对端设备的数据的最高风险等级;⑥定制子系统可满足在特定行业、地域等场景下使用时,对系统进行不同程度的定制以满足特定场景的使用需求。定制子系统提供支持企业设备管理和配置策略的能力如表1-3所示。

表 1-3　企业设备管理和配置策略的能力

子模块名称	职　责
企业设备管理组件	为企业 MDM(Mobile Device Management)应用开发者提供管理应用的开发框架,设定管理模式,提供企业设备管理功能集,同时为企业环境下的应用提供系统级别的 API
配置策略	为各业务模块提供获取各配置层级的配置目录或配置文件路径的接口

2) 基础软件服务子系统集

基础软件服务子系统集提供公共的、通用的软件服务,由事件通知、电话、多媒体、DFX(Design For X)等子系统组成。

(1) DFX 子系统:在 OpenHarmony 中,DFX 是为了提升质量属性软件设计,目前包含的内容主要有可靠性(Design For Reliability,DFR)和可测试性(Design For Testability,DFT)

特性。提供的功能包括 FaultLogger 应用故障检测收集、HiLog 日志打点、HiView 插件平台、HiAppEvent 应用事件记录接口及框架，HiSysEvent 系统事件记录接口及服务。DFX 子系统架构如图 1-10 所示。

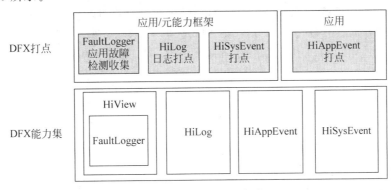

图 1-10 DFX 子系统架构

（2）DeviceProfile 子系统：设备硬件能力和系统软件特征的管理器，典型的 Profile 有设备类型、设备名称、设备操作系统类型、操作系统版本号等。DeviceProfile 提供快速访问本地和远端设备 Profile 的能力，是发起分布式业务的基础。主要功能有本地设备 Profile 的查询、插入、删除，远程设备 Profile 的查询，跨设备同步 Profile，订阅远程 Profile 变化的通知。DeviceProfile 子系统架构如图 1-11 所示。

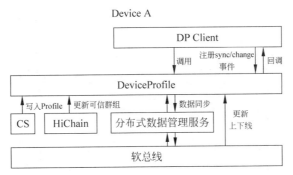

图 1-11 DeviceProfile 子系统架构

（3）XTS 子系统：OpenHarmony 生态认证测试套件的集合，当前包括 acts（Application Compatibility Testsuite，应用兼容性测试）套件，后续会拓展 dcts（Device Compatibility Testsuite，设备兼容性测试）套件等。acts 用于存放相关测试用例源码与配置文件，其目的是帮助终端设备厂商尽早发现软件与 OpenHarmony 的不兼容性，确保软件在整个开发过程中满足 OpenHarmony 的兼容性要求。tools 用于存放 acts 相关测试用例开发框架。

（4）事件通知子系统：OpenHarmony 通过公共事件服务（Common Event Service，CES）为应用程序提供订阅、发布、退订公共事件的能力。公共事件可分为系统公共事件和自定义公共事件。①系统公共事件：系统将收集到的事件信息，根据系统策略发送给订阅该事件的用户程序。例如，系统关键服务发布的 hap 安装、更新、卸载等系统事件；②自定义公共事件：自定义一些公共事件用来实现跨应用的事件通信能力。每个应用都可以按需订阅公共事件，订阅成功且公共事件发布后,系统会把其发送给应用。这些公共事件可能来自系统、其他应用和应用自身。

(5)元能力子系统:实现对 Ability 的运行及对生命周期的统一调度和管理,应用进程能够支撑多个 Ability,Ability 具有跨应用进程间和同一进程内调用的能力。Ability 管理服务统一调度和管理应用中的各 Ability,并对 Ability 的生命周期变更进行管理。

(6)电话服务子系统:提供一系列 API 用于获取无线蜂窝网络和与 SIM 卡相关的一些信息。应用可以通过调用 API 获取当前注册网络名称、网络服务状态、信号强度及 SIM 卡的相关信息。

电源管理子系统架构如图 1-12 所示。

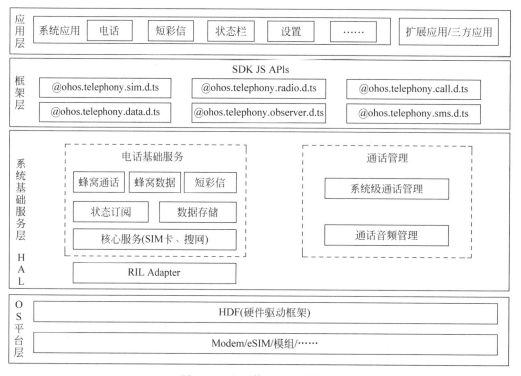

图 1-12　电源管理子系统架构

(7)多媒体子系统:为开发者提供一套简单且易于理解的接口,使开发者能够方便地接入系统并使用系统的媒体资源。该子系统包含音视频、相机相关的媒体业务,如声频播放和录制、视频播放和录制、相机拍照和录制等功能。多媒体子系统架构如图 1-13 所示。

接下来对多媒体子系统框架中的服务层进行介绍。

① Media 为应用提供播放、录制等接口,通过跨进程调用或直接调用方式,调用媒体引擎 Gstreamer、Histreamer 或其他引擎。在轻量设备上,Media 部件调用 Histreamer 支持声频播放等功能。在小型设备上,Media 部件调用 recorder_lite 支持音视频录制,默认调用 player_lite 支持音视频播放。在标准设备上,Media 部件调用 Gstreamer 支持音视频播放、音视频录制。

② Audio 部件支持声频输入/输出、策略管理、声频焦点管理等功能。

③ Image 部件支持常见图片格式的编解码。

④ MediaLibrary 支持本地和分布式媒体数据访问管理。

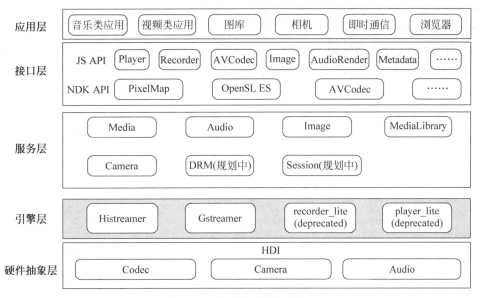

图 1-13 多媒体子系统架构

⑤ Camera 部件提供相机操作接口,支持预览、拍照、录像。

接下来对多媒体子系统框架中的引擎层进行介绍。

① Histreamer 是轻量级媒体引擎,支持文件/网络流媒体输入、音视频解码播放、音视频编码录制、插件扩展。

② Gstreamer 是开源引擎,支持流媒体、音视频播放、录制等功能。

多媒体子系统提供了三大类功能接口:音视频、相机和录音。开发者可以根据使用需求使用其中一类或多类接口。当使用简单播放和录制功能时,可以使用 Player 和 Recorder 快速完成功能。对于相机控制,开发者需要创建 camerakit 组件对象并注册事件回调,然后使用创建的 camera 对象进行预览、录像、抓拍和设置取流参数等操作。开发者可以参考多媒体开发指南来使用媒体接口。

3) 硬件服务子系统集

硬件服务子系统集提供硬件服务,由位置服务、用户 IAM、穿戴专有硬件服务、IoT 专有硬件服务等子系统组成。

(1) 电源管理子系统提供以下功能:①重启服务:系统重启和下电;②系统电源管理服务:系统电源状态管理和休眠运行锁管理;③显示相关的能耗调节:包括根据环境光调节背光亮度和根据接近光调节亮灭屏;④省电模式:在不损害主要功能和性能的前提下,提供一种低功耗操作模式;⑤电池服务:支持充放电、电池和充电状态的监测,包括状态的更新和上报,还包括关机充电;⑥温控:在设备温度达到一定程度之后对应用、SoC、外围设备进行管控,限制温升;⑦耗电统计:主要包括软件耗电和硬件耗电统计,以及单个应用的耗电统计;⑧轻设备电池服务;⑨轻设备电源管理服务。

(2) 网络管理子系统作为设备联网的必备组件,提供了对不同类型网络连接的统一管理,并提供了网络协议栈能力。应用可以通过调用 API 获取数据网络的连接信息、查询和订阅数据网络的连接状态等,并可通过网络协议栈进行数据传输。

各个部件的主要作用如下。

① 基础网络连接管理部件:主要功能是提供基础网络连接管理和对应的 JS/Native API,包括不同网络连接优先级管理、网络连接信息查询、网络连接状态变化、DNS 解析及物理网络管理等。

② 网络协议栈部件:主要功能是提供基础的网络协议栈和对应的 JS API,包括 HTTP/HTTPS、TCP、UDP 等基础网络协议栈能力。网络管理子系统架构如图 1-14 所示。

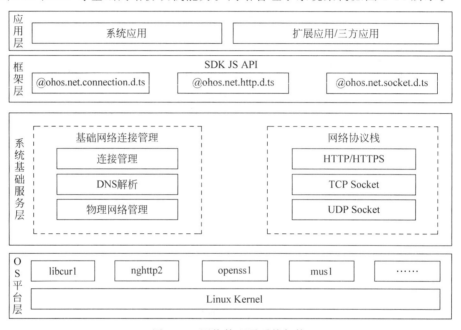

图 1-14　网络管理子系统架构

3. 应用层

应用层包括系统应用和第三方非系统应用。应用由一个或多个 FA(Feature Ability)或 PA(Particle Ability)组成,其中,FA 有 UI 界面,提供与用户交互的能力,而 PA 无 UI 界面,提供后台运行任务的能力及统一的数据访问抽象。基于 FA/PA 开发的应用,能够实现特定的业务功能,支持跨设备调度与分发,为用户提供一致、高效的应用体验。

OpenHarmony 应用层提供了一系列开发应用程序所需的基础组件和框架,包括图形化用户界面、多媒体应用、网络应用、安全与隐私保护等功能。其中,图形化用户界面提供了界面元素、控件、布局等基础组件,以及基于图形化引擎的渲染、动画、转场等视觉效果的支持,使开发者可以方便地构建各种应用的用户界面。多媒体应用提供了音视频播放、录制、编辑等基础功能的 API 和框架,同时还支持高清视频播放、虚拟现实、增强现实等新兴技术的应用。网络应用提供了 HTTP、HTTPS、TCP/IP 等协议的实现和封装,以及 HTTP/WebSocket 服务器和客户端的 API 和框架,方便开发者快速构建网络应用和服务。安全与隐私保护提供了多种安全机制和技术,包括安全通信、数据加密、访问控制等,以保护用户数据和隐私的安全性。此外,OpenHarmony 还提供了丰富的开发工具和开发者文档,包括 IDE、SDK、API 文档等,以便开发者更加高效地开发应用程序。

1.3.3 基础系统类型所支持的子系统

所有系统支持的子系统,以及它们在此基础上分别支持的一些子系统如表 1-4 所示,轻量系统仅支持所有系统支持的子系统。

表 1-4 所有系统支持的子系统

子 系 统	简 介
图形	主要包括 UI 组件、布局、动画、字体、输入事件、窗口管理、渲染绘制等模块,构建基于轻量操作系统应用框架,满足硬件资源较小的物联网设备或者构建基于标准操作系统的应用框架,满足富设备(如平板电脑和轻智能机等)的 OpenHarmony 系统应用开发
驱动	OpenHarmony 驱动子系统采用 C 面向对象编程模型构建,通过平台解耦、内核解耦,兼容不同内核;提供了归一化的驱动平台底座,旨在为开发者提供更精准、更高效的开发环境,力求做到一次开发,多系统部署
启动恢复	负责在内核启动之后,应用启动之前操作系统中间层的启动,并提供系统属性查询、修改及设备恢复出厂设置的功能
编译构建	提供了一个基于 Gn 和 Ninja 的编译构建框架
测试	开发过程采用测试驱动开发模式,开发者基于系统新增特性可以自己开发用例保证,对于系统已有特性进行修改,也可通过修改项目中原有的测试用例保证。开发者测试旨在帮助开发者在开发阶段就能开发出高质量代码
语言编译运行时	提供了 JavaScript、C/C++语言程序的编译、执行环境,提供支撑运行时的基础库,以及关联的 API、编译器和配套工具
分布式任务调度	提供系统服务的启动、注册、查询及管理能力
JS UI 框架	OpenHarmony UI 开发框架,支持类 Web 范式编程
媒体	提供声频、视频、相机等简单有效的媒体组件开发接口,使应用开发者轻松使用系统的多媒体资源
用户程序框架	提供安装、卸载、运行及管理能力
公共基础类库	存放 OpenHarmony 通用的基础组件。这些基础组件可被 OpenHarmony 各业务子系统及上层应用所使用
分布式软总线	为 OpenHarmony 系统提供跨进程或跨设备的通信能力,主要包含软总线和进程间通信两部分。其中,软总线为应用和系统提供近场设备间分布式通信的能力,提供不区分通信方式的设备发现、连接、组网和传输功能,而进程间通信则提供不区分设备内或设备间的进程间通信能力
XTS	OpenHarmony 生态认证测试套件的集合,当前包括 acts 套件,后续会拓展 dcts 套件等
DFX	OpenHarmony 非功能属性能力,包含日志系统、应用和系统事件日志接口、事件日志订阅服务、故障信息生成采集等功能
全球化	当 OpenHarmony 设备或应用在全球不同区域使用时,系统和应用需要满足不同市场用户关于语言、文化习俗的需求。全球化子系统提供支持多语言、多文化的能力,包括资源管理能力和国际化能力
安全	包括系统安全、数据安全、应用安全等模块,为 OpenHarmony 提供了保护系统和用户数据的能力。安全子系统当前开源的功能包括应用完整性保护、应用权限管理、设备认证、密钥管理服务

小型系统支持的子系统如表 1-5 所示。

表 1-5　小型系统支持的子系统

子　系　统	简　　介
内核	支持嵌入式设备及资源受限设备,具有小体积、高性能、低功耗等特征的 LiteOS 内核;支持基于 Linux Kernel 演进的适用于小型系统的 Linux 内核
泛 Sensor 服务	包含传感器和小器件,传感器用于侦测环境中所发生的事件或变化,并将此消息发送至其他电子设备;小器件用于向外传递信号,包括电动机和 LED,对开发者提供控制电动机振动和 LED 开关的能力

标准系统支持的子系统如表 1-6 所示。

表 1-6　标准系统支持的子系统

子　系　统	简　　介
内核	支持嵌入式设备及资源受限设备,具有小体积、高性能、低功耗等特征的 LiteOS 内核;支持基于 Linux Kernel 演进的适用于标准系统的 Linux 内核
分布式文件	提供本地同步 JavaScript 文件接口
电源管理服务	提供重启系统、管理休眠运行锁、系统电源状态管理和查询、充电和电池状态查询和上报、显示亮灭屏状态管理、显示亮度调节等功能
多模输入	OpenHarmony 旨在为开发者提供 NUI(Natural User Interface)的交互方式,有别于传统操作系统的输入,OpenHarmony 将多种维度的输入整合在一起,开发者可以借助应用程序框架、系统自带的 UI 组件或 API 轻松地实现具有多维、自然交互特点的应用程序。具体来讲,多模输入子系统目前支持传统的输入交互方式,例如按键和触控
升级服务	可支持 OpenHarmony 设备的 OTA(Over The Air)升级
账号	支持在端侧对接厂商云账号应用,提供分布式账号登录状态查询和更新的管理能力
数据管理	数据管理支持应用本地数据管理和分布式数据管理:支持应用本地数据管理包括轻量级偏好数据库、关系型数据库;支持分布式数据服务为应用程序提供不同设备间数据库数据分布式的能力
事件通知	公共事件管理实现了订阅、退订、发布、接收公共事件(例如亮灭屏事件、USB 插拔事件)的能力
杂散软件服务	提供设置时间的能力
电话服务	提供 SIM 卡、搜网、蜂窝数据、蜂窝通话、短彩信等蜂窝移动网络基础通信能力,可管理多类型通话和数据网络连接,为应用开发者提供便捷一致的通信 API
研发工具链	提供了设备连接调试器 HDC;提供了性能跟踪能力和接口;提供了性能调优框架,旨在为开发者提供一套性能调优平台,可以用来分析内存、性能等问题
系统应用	提供了 OpenHarmony 标准版上的部分系统应用,如桌面、SystemUI、设置等,为开发者提供了构建标准版应用的具体实例,这些应用支持在所有标准版系统的设备上使用

1.4　OpenHarmony 支持的开发板

目前,已有许多企业加入了 OpenHarmony 的开发社区,OpenHarmony 的南向在开发过程中已经取得了重大进展,移植适配 OpenHarmony 的开发板也相继问世,根据 OpenHarmony 的三级系统类型(轻量系统、小型系统和标准系统)也分别设计生产了应对不同功能要求的开发板。具体介绍如表 1-7 所示。

表1-7　各种规格的开发板

系统类型	开发板型号	芯片型号	主要能力	应用场景
标准系统	Hi3516DV300	Hi3516DV300	Hi3516DV300是新一代Smart HD IP摄像机SoC，集成新一代ISP（Image Signal Processor）、H.265视频压缩编码器、高性能NNIE引擎，在低码率、高画质、智能处理和分析、低功耗等方面有较好的性能	可用在带屏设备上，例如带屏冰箱、车机等
	润和DAYU200	RK3568	润和HH-SCDAYU200基于Rockchip RK3568，集成双核心架构GPU及高效能NPU；板载四核64位Cortex-A55处理器，采用22nm先进工艺，主频高达2.0GHz；支持蓝牙、WiFi、声频、视频和摄像头等功能，拥有丰富的扩展接口，支持多种视频输入输出接口；配置双千兆自适应RJ45以太网口，可满足NVR、工业网关等多网口产品需求	影音娱乐、智慧出行、智能家居，如烟机、烤箱、跑步机等
轻量系统	汇顶GR5515-STARTER-KIT	GR5515	支持Bluetooth 5.1的单模低功耗蓝牙SoC，多功能按键和LED	智能硬件，如手表、手环、价格类标签
	朗国LANGO200	ASR582X	LANGO200IoT开发板集成了高性能的WiFi-BLE双模芯片ASR5822、外部存储芯片、语音播放芯片及模数转换等，同时支持SPI等IoT设备常用外围设备接口，可外扩OLED显示屏、红外遥控等	智能家居连接类模组
	欧智通V200ZR	BES2600	Multi-modal V200Z-R开发板是基于恒玄科技BES2600WM芯片的一款高性能、多功能、高性价比AIoT SoC开发板。Multi-modal V200Z-R开发板使用单模组集成四核ARM处理器（最高主频1GHz），集成双频WiFi＋双模蓝牙，支持标准的802.11 a/b/g/n协议，支持BT/BLE 5.2协议，内建多种容量的RAM（最大42MB）和Flash（最大32MB），支持MIPI DSI及CSI，适用于各种AIoT多模态VUI＋GUI交互硬件场景	智能硬件带屏类模组产品，如音箱、手表等
	小熊派BearPi-HM Nano	Hi3861	BearPi-HM Nano开发板是一块专门为OpenHarmony设计的开发板，板载高度集成2.4GHz WiFi SoC芯片Hi3861，并板载NFC电路及标准的E53接口，标准的E53接口可扩展智能加湿器、智能台灯、智能安防、智能烟感等	智慧路灯、智慧物流、人体红外等连接类设备

　　而本书所对应的红莓开发板，基于Rockchip RK2206，是一款专门为OpenHarmony设计的轻量级开发板。面向OpenHarmony初学者，开发板具有USB 2.0 OTG、SPI、UART、I^2C、

PDM、I²S 接口。具备如流水灯、按键中断、屏幕显示等基础实验功能,也具备如 NFC、ZigBee、WiFi 等功能模块,还具有多种类型传感器的接口,功能丰富多样。

1.4.1 红莓开发板

本节主要对红莓开发板上的核心板及 RK2206 芯片进行介绍,例如红莓开发板的核心电路系统和 RK2206 芯片各 GPIO 引脚具备的复用功能。红莓开发板核心电路系统如图 1-15 所示。

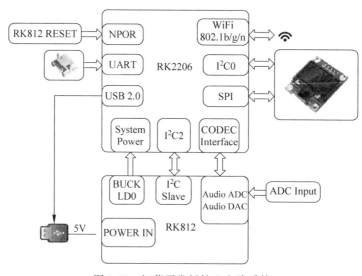

图 1-15　红莓开发板核心电路系统

红莓开发板基于 Rockchip RK2206 与 RK812 芯片集成一体的核心板,其中 RK2206 芯片具有 USB 2.0 OTG、SPI、UART、I²C、PDM、I²S 接口,核心板引脚分配如图 1-16 所示。

	引脚		引脚	
1	VCC_VBAT	MIC1_ADC_INN	40
2	GND1	MIC1_ADC_INP	39
3	VCC_USB_OTG	MIC2_ADC_INN	38
4	GPIO0_D5_1V8	MIC2_ADC_INP	37
5	GPIO0_D6_1V8	GPIO0_D3_1V8	36
6	VCC_3V3	RESET	35
7	GPIO0_C0	GPIO0_B3	34
8	GPIO0_C2	GPIO0_B2	33
9	GPIO0_C4	GPIO0_B1	32
10	GPIO0_C1	GPIO0_B0	31
11	GPIO0_C3	GPIO0_A7	30
12	GPIO0_C6	GPIO0_A6	29
13	GPIO0_C5	GPIO0_A1	28
14	GPIO0_C7	GPIO0_A0	27
15	GPIO0_D0	GPIO0_A4	26
16	GPIO0_B7	GPIO0_A5	25
17	GPIO0_B6	GPIO0_A2	24
18	GPIO0_B5	GPIO0_A3	23
19	GPIO0_B4	OTG_DP	22
20	GND2	OTG_DM	21

图 1-16　RK2206 核心板引脚分配

RK2206 芯片的引脚定义如表 1-8 所示。

表 1-8　RK2206 芯片的引脚定义

引脚编号	端口名称	复用功能					
1	PA0			JTAG_TCK	I2C0_SDA_M2		
2	PA1			JTAG_TMS	I2C0_SCL_M2		
3	PA2			JTAG_TDI	I2C1_SDA_M2		
4	PA3			JTAG_TDO	I2C1_SDA_M2		
5	PA4	CODEC_CLK_M1		JTAG_TRSTn		UART1_CTSn_M1	
6	PA5	CODEC_CYNC_M1	PDM_CLK_M0			UART1_RTSn_M1	
7	PA6	CODEC_ADC_D_M1	PDM_SDI_M0			UART1_RX_M1	
8	PA7	CODEC_DAC_DL_M1	PDM_CLK_S_M0			UART1_TX_M1	
9	PB0		SPI_SLV_CSn	SPI1_CS0n_M1		UART2_CTSn_M1	
10	PB1		SPI_SLV_CLK	SPI1_CLK_M1		UART2_RTSn_M1	
11	PB2		SPI_SLV_MOS	SPI1_MOSI_M1		UART2_RX_M1	
12	PB3		SPI_SLV_MISO	SPI1_MISO_M1		UART2_TX_M1	
13	PB4	I2C0_SDA_M0		SPI0_CS0n_M0	I2C2_SDA_M1	UART0_CTSn_M0	PWM0_M1
14	PB5	I2C0_SCL_M0		SPI0_CLK_M0	I2C2_SCL_M1	UART0_RTSn_M0	PWM1_M1
15	PB6			SPI0_MOSI_M0	I2C1_SDA_M0	UART0_RX_M0	PWM2_M1
16	PB7			SPI0_MISO_M0	I2C1_SCL_M0	UART0_TX_M0	PWM3_M1
17	GPIO1_D0	SPI0_CS1n		SPI1_CS1n			PWM7_M1
18	VCCIO0_1						
19	VCCIO0_2						
20	PC0	SDMMC_CLK	I2S_SDO1_M0	SPI0_CS0n_M1		UART1_CTSn_M0	PWM0_M0
21	PC1	SDMMC_CMD	I2S_SCLK_RX_M0	SPI0_CLK_M1	I2C1_SDA_M1	UART1_RTSn_M0	PWM1_M0

续表

引脚编号	端口名称	复用功能				
22	PC2	SDMMC_D0	I2S_LRCK_RX_M0	SPI0_MOSI_M1	I2C1_SCL_M1	UART1_RX_M0	PWM2_M0
23	PC3		I2S_MCLK_M0	SPI0_MISO_M1	PDM_CLK_S	UART1_TX_M0	PWM3_M0
24	PC4		I2S_SCLK_TX_M0	SPI1_CS0n_M0	PDM_CLK	UART0_CTSn_M1	PWM4_M0
25	PC5		I2S_LRCK_TX_M0	SPI1_CLK_M0	PDM_SDI	UART0_RTSn_M1	PWM5_M0
26	PC6		I2S_SDO0_M0	SPI1_MOSI_M0	I2C0_SDA_M1	UART0_RX_M1	PWM6_M0
27	PC7	PMIC_INT_M1	I2S_SDI_M0	SPI1_MISO_M0	I2C0_SCL_M1	UART0_TX_M1	PWM7_M0
28	PD0	CODEC_CLK_M0			I2C0_SDA_M3	UART1_RX_M2	PWM4_M1
29	PD1	CODEC_SYNC_M0		SPI_CS0n_M2	I2C0_SCL_M3	UART1_TX_M2	PWM5_M1
30	PD2	CODEC_ADC_D_M0	I2S_MCLK_M1	SPI1_CLK_M2		UART2_CTSn_M0	PWM6_M1
31	PD3	CODEC_DAC_DL_M0	I2S_SCLK_TX_M1	SPI1_MOSI_M2		UART2_RTSn_M0	PWM8
32	PD4	PMIC_INT_M0	I2S_LRCK_TX_M1	SPI1_MISO_M2		UART2_RX_M0	PWM9
33	PD5	I2C1_SDA_M3	I2S_SDO0_M1		I2C2_SDA_M0	UART2_TX_M0	PWM10
34	PD6	I2C1_SCL_M3	I2S_SDI_M1		I2C2_SDA_M0		PWM11
35	VCCIO2						

1.4.2　最小系统核心电路原理

红莓开发板最小系统是指能够让红莓开发板正常工作的包含最少元器件的系统。红莓开发板所使用的是包含RK2206芯片与RK812等在内的集成核心板,其上不仅有红莓开发板正常工作的必备电路,还包含WiFi、ADC等一些额外功能,因此在对最小系统电路进行介绍时,为使用方便,只介绍部分核心板电路,以及部分功能电路。

最小系统核心电路包括电源管理电路、复位电路、晶体振荡电路和OTG接口电路及USB转TTL串口电路。

1. 电源管理电路

根据电源获取途径与开发板使用要求,RK2206电源电路采用DC/DC+LD0的结构。总电路包含BUCK+LD0、PMIC电源管理电路、退耦电路与公共接地端。

电源管理电路结构如图1-17所示。

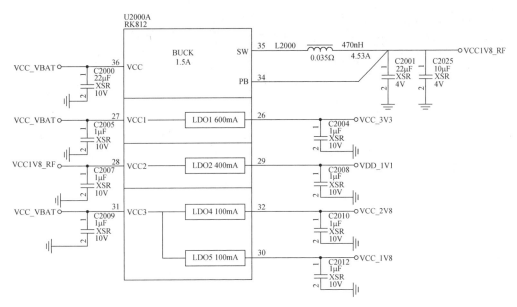

图 1-17　电源管理电路结构

5V 输入电压一部分通过 BUCK 电路高效率地被转换为 1.8V 输出电压,向开发板提供电源;另一部分通过 LD0 电路输出 4 种电流大小不同、伏值不同的稳定电压,以便向开发板及芯片各部分供电,输出电源如表 1-9 所示。

表 1-9　输出电源

PMUChannel	TIMER	DefaultON/OFF	DefaultVoltage	POWERNAME
DCDC	SOLT:1	ON	1.8V	VCC1V8_RF
LDO1	SOLT:3	ON	3V	VCC_3V3
LDO2	SOLT:2	ON	1.1V	VCC_1V1
LDO4	SOLT:3	ON	1.8V	VCC_1V8
LDO5	SOLT:3	ON	1.8V	VCC1V8

PMIC 电源管理电路如图 1-18 所示。

退耦电路与公共接地端电路如图 1-19 所示。

每种输出端口分别连接退耦电容,以便将电路输出的脉冲直流电转换为稳定直流电。电源的退耦电容一般就近放在 RK2206 与 RK812 的每个电源引脚旁,用于抑制芯片工作时引起的“地弹”噪声,确保电源稳定。

2. 复位电路

复位操作有上电自动复位和按键手动复位两种方式,复位电路如图 1-20 所示。

上电自动复位是在加电瞬间电容通过充电实现的,在通电瞬间,电容 C6 通过电阻 R10 充电,RESET 端出现正脉冲,用以复位。只要 VCC 的上升时间不超过 1ms,就可以实现自动上电复位,即接通电源就完成了系统的复位初始化。

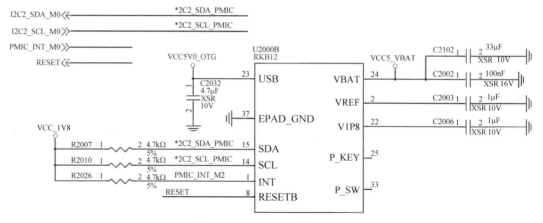

图 1-18　PMIC 电源管理电路

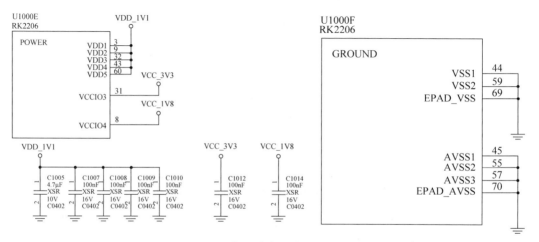

图 1-19　退耦电路与公共接地端电路

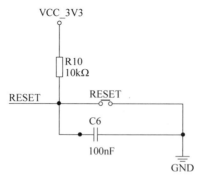

图 1-20　复位电路

　　手动复位是指通过接通按钮开关,使单片机进入复位状态。系统上电运行后,若需进行复位,则一般通过手动复位实现。复位通常为低电位复位,平时 RESET 端连接 3.3V 高电平,当按下按键后,RESET 端与地连接,产生一个低电平,实现复位。

3. 晶体振荡电路

晶体振荡频率为 40MHz,晶体振荡电路中连接的电容为谐振电容,为了使晶振两端的等效电容等于或接近负载电容,谐振电容在此取值为 22pF。只有这样,晶振才能正常工作。晶体振荡电路如图 1-21 所示。

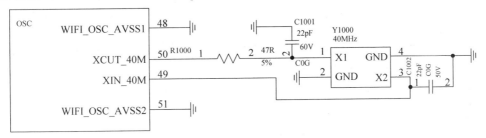

图 1-21　晶体振荡电路

4. OTG 接口电路

OTG 接口是在 USB 2.0 接口的基础上,额外增加了一种电源管理功能。它使设备既可以作为主机,也可以作为外围设备。

OTG 接口中 DM 和 DP 端为数据正负信号接口,OTG_ID 端连接 3.3V 电压,以保持 OTG 接口接收烧录数据。与此同时,USB 接口可以为开发板提供 5V 的稳定电压。5V 电源电压连接 TVS 瞬态抑制二极管用于 RK812 免受各种浪涌脉冲的破坏,DM 与 DP 间连接 ESD 静电保护二极管,减少数据总线受到静电放电导致的损害。

OTG 接口电路如图 1-22 所示。

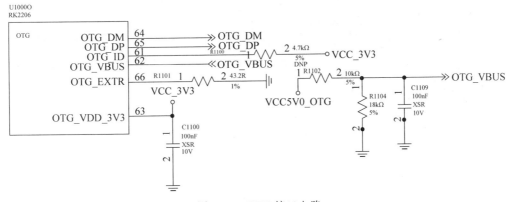

图 1-22　OTG 接口电路

USB 烧录接口如图 1-23 所示。

5. USB 转 TLL 串口电路

为了方便系统采用串口下载,红莓开发板在最小系统中设计了以 FT232RL 芯片为核心的 USB 转 TTL 串口电路,MCU 输出的 TTL 信号经 FT232RL 芯片转换为 PC 端 USB 接口可以识别的电平信号,方便在实际使用中借助串口进行调试工作,并且 USB 接口可以为开发板提供 5V 供电电压,USB 转 TTL 串口电路如图 1-24 所示。

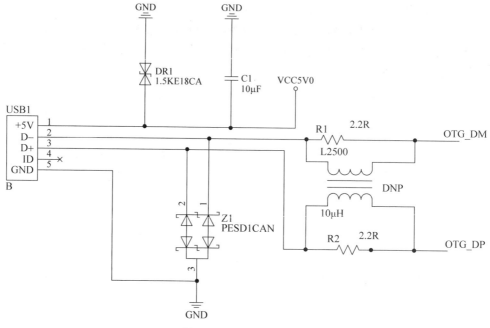

图 1-23　USB 烧录接口

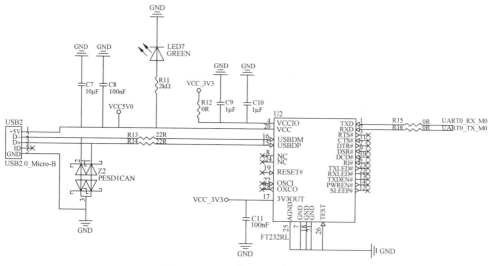

图 1-24　USB 转 TTL 串口电路

1.5　本章小结

本章从 OpenHarmony 操作系统的诞生开始讲解,主要介绍了开发 OpenHarmony 操作系统的意义,发布的最新版本所增强的功能,以及 OpenHarmony 的 3 种不同系统类型、技术架构等。随后,介绍了目前 OpenHarmony 所支持的开发板。本章的内容可以为后续的应用开发学习打下坚实的基础。

1.6 课后练习

（1）请简述 Linux 操作系统的发展史。

（2）什么是 OpenHarmony 操作系统？

（3）OpenHarmony 操作系统同 HarmonyOS 之间的差别在哪里？

（4）OpenHarmony 操作系统面向哪些系统类型的开发，具体区别在哪里？

（5）OpenHarmony 操作系统的技术架构由哪些软件层构成？

（6）分布式框架具体是哪些内容，可应用在哪些场景中？

（7）OpenHarmony 操作系统包含哪些重要子系统？

（8）OpenHarmony 操作系统不同的系统类型所包含的子系统有何不同？

（9）目前 OpenHarmony 操作系统内核支持的主流开发板有哪些？

（10）红莓开发板的最小系统核心电路由哪些电路组成？

快 速 入 门

本章旨在介绍如何快速上手 OpenHarmony 操作系统。作为类 UNIX 操作系统,学习 OpenHarmony 需要从基础开始,因此,本章将从安装和使用 Shell,以及编译开始介绍 OpenHarmony 操作系统。随后,将介绍 OpenHarmony 操作系统的目录结构和编译相关内容,以及南向开发和系统应用开发所需的环境。掌握这些基础知识对于更好地进行开发工作至关重要。工欲善其事,必先利其器。

2.1 OpenHarmony 操作系统的基本构成

OpenHarmony 操作系统的基本构成会因配置和内核的不同而有所区别。在首次开源的部分中,以 LiteOS-A 为内核的 L1 开发部分比较典型,因此本章将以此为例进行介绍。

通过串口连接到 OpenHarmony 开发板后,执行命令"ls",即可查看 OpenHarmony 的文件结构。OpenHarmony 的文件结构如表 2-1 所示。

表 2-1　OpenHarmony 的文件结构

目　录　名	描　　　述
applications	应用程序样例
base	基础软件服务子系统集与硬件服务子系统集
build	组件化编译、构建和配置脚本
domains	增强软件服务子系统集
drivers	驱动子系统
foundation	系统基础能力子系统集
kernel	内核子系统
prebuilts	编译器及工具链子系统
test	测试子系统
third_party	开源第三方组件
utils	常用的工具集
vendor	厂商提供的软件
build.py	编译脚本文件

下面简单介绍各个目录的内容和作用。

(1) /dev:设备路径,其中包含各种各样的设备,如 GPIO、SDIO、eMMC、USB 等设备。

(2) /proc:伪文件系统,存储的是当前内核运行状态的一些特殊文件,用户可以通过这些文件查看有关系统硬件及当前正在运行的进程信息,甚至可以通过更改其中某些文件改变内核的运行状态。

(3) /sdcard:OpenHarmony 官方开发板支持自动驱动 sdcard 目录,即可操作其中的文件。

(4) /storage:系统、服务、App 在运行过程中需要读写的一些存储数据。

(5) /userdata:用户数据存放的目录,例如图片和视频数据。

(6) /bin:可执行文件存放的目录。

(7) /etc:包含 OpenHarmony 的系统级配置文件,其中,os-release 文件包含操作系统的发布版本信息,而 init.cfg 文件则包含系统自动启动的进程信息,这个文件非常重要,因此需要仔细理解。以下是该文件的部分代码展示。

```
//第2章/init.cfg
{
    "jobs": [{
            "name": "pre - init",
            "cmds": "mkdir /storage/data/log",
            "chmod 0755 /storage/data/log",
            "chown 4 4 /storage/data/log",
            "mkdir /storage/data/softbus",
            "chmod 0700 /storage/data/softbus",
            "chown 7 7 /storage/data/softbus",
            "mkdir /sdcard",
            "chmod 0777 /sdcard",
            "mount vfat /dev/mmcblk0 /sdcard_rw. umask = 000",
            "mount vfat /dev/mmcblk1 /sdcard_rwumask = 000"
                    ]
    }, {
            "name": "init",
                "cmds": [
                        "start shell",
                        ...
                    ]
    }, {
            "name": "post - init",
            "cmds": [...]
    }
            },
            "services": [{
                    "name": "foundation",
                    "path": "/bin/foundation",
                    "uid": 7,
                    "gid": 7,
                    "onece": 0,
                    "importance": 1,
                    "caps": [10, 11, 12, 13],
                },
                        ]
```

经过分析上述代码可见,该代码显示了 init. cfg 文件由两部分组成,分别是 jobs 和 services,其中,jobs 是内核本身的启动任务,而 services 则是针对系统所需启动的服务及服务的配置。

jobs 部分又分为 pre-init、init 和 post-init 三部分,分别对应操作系统的 init 函数执行前、执行中和执行后的阶段。在 init 部分中,OpenHarmony 会按照在配置文件中的顺序执行相应的任务。需要注意的是,在当前版本的 OpenHarmony 中,jobs 部分只支持 mkdir、chmod、chown 和 mount 命令。

services 部分列出的服务,系统会监控服务的状态,其中一些关键的配置及说明如下。

1. onece:0

当前服务进程是否为一次性进程。0 值表示当前服务非一次性进程,当进程因任何原因退出时,init 收到 SIGCHLD 信号后将重新启动该服务进程;非 0 值表示当前服务为一次性进程,当进程因任何原因退出时,init 不会重新启动该服务进程。

2. importance:1

当前服务是否为关键系统进程。0 值表示当前服务非关键系统进程,当进程因任何原因退出时,init 不会做系统复位操作;非 0 值表示当前服务为关键系统进程,当进程因任何原因退出时,init 收到 SIGCHLD 信号后进行系统复位重启。

3. caps:[0,1,2,5]

当前服务所需的权限值,根据安全子系统已支持的权限,评估所需的权限,遵循最小权限原则配置(最多可配置 100 个值)。

2.2　编译体系构建

OpenHarmony 的编译构建体系比较复杂,涉及的编译目标及用到的编译工具也比较多,本节尝试从 3 个不同的角度对此进行介绍。

2.2.1　用到的工具

编译构建所用到的工具如表 2-2 所示。

表 2-2　编译构建所用到的工具

工具名	介　　绍	在 OpenHarmony 构建中的作用
Python	跨平台的计算机程序设计语言。高层次地结合了解释性、编译性、互动性和面向对象的脚本语言	最外层的构建流程用 Python 来组织,可以做到在 Windows/Linux 环境的通用。OpenHarmony 编译要求 Python 3.7 及以上版本
Gn	用于生成 Ninja 文件	与 Ninja 一起构成 OpenHarmony 主要的构建体系
Ninjia	输入文件由更高级别的构建系统生成,并且尽可能快地运行构建	与 Gn 一起构成 OpenHarmony 主要的构建体系
CMake	跨平台的免费开源软件工具,用于使用独立于编译器的方法来管理软件的构建过程;支持依赖于多个库的目录层次结构和应用程序	CMake 在 OpenHarmony 的框架层得到了 OpenHarmony 的部分库,CMake 模块仍旧是最传统的构建工具

工具名	介　绍	在 OpenHarmony 构建中的作用
Makefile	传统构建工具	部分模块仍旧通过最传统的构建工具构建,如内核部分
Menuconfig	具有菜单驱动的用户界面,允许用类似工具之一;具有菜单驱动的用户界面,允许用户选择将要编译的 Linux 功能(和其他选项);通常使用命令 make menuconfig 调用;Menuconfig 是 Makefile 中的一个编译目标	OpenHarmony 内核的编译采用了与 Linux 类似的菜单式配置工具
Bash	Bash 是大多数 Linux 系统及 macOS 默认的 Shell	OpenHarmony 编译要求一定要使用 Bash 作为 Shell,如果 Ubuntu 使用了 Dash,则需要进行修改。修改命令为 sudo dpkg reconfigure dash

2.2.2　Python 脚本的作用

系列 Python 脚本的作用如表 2-3 所示。

表 2-3　系列 Python 脚本的作用

脚　本　名	配　置　文　件	具　体　作　用
Build. py	无	最外层的统领性脚本,无实际内容,通过调用其他脚本完成编译动作
Compile. py	无	区分产品的编译执行脚本
Compile_process. py	Product 目录下的产品 JSON 文件	具体的构建执行脚本,会依据 JSON 文件里面的配置信息,逐层开始构建
Compile_conver. py	Product 目录下的产品 JSON 文件	配置信息读取脚本,特别需要注意的是,这个脚本会删除整个 out 目录,导致 OpenHarmony 的每次构建都全部重新开始
Config. py	Config. ini	读取编译配置选项

其中非常重要的是 product 目录下的 JSON 配置文件,相关配置如下:

```
//第 2 章/product.json
{
    "ohos_version": "OpenHarmony 3.1",
    "board": "RK2206",
    "Kernel": "liteos_a",
    "compiler",
    "clang",
    "subsystem": [
     {
        "name": "aafwk",
        "component": [
         {
```

```
        "name": "abilitykit lite",
        "dir": "//foundation/aafwk/frameworks/ability liteaafwk abilitykit lite",
        "features": ["enable_ohos appexecfwk_feature_ability = true"]
    },
  }
}
```

其中，约定了开发板类型、内核类型、编译器，然后定义了需要的 subsystem。对于每个 subsystem，又定义了其包含的 component，以及每个 component 所附带的编译 feature。

另外一个重要的构建配置文件是 config.ini。在这个文件中，配置了各个工具链所在的路径。同时也定义了在进入每个子系统构建时所使用的 Gn 及 Ninjia 工具的命令格式。另外，这个配置文件还定义了测试构建对象及 ndk 构建对象。

2.2.3　编译器

OpenHarmony 采用的编译器为 LLVM。需要注意的是，华为 LLVM 进行了修改适配，需要从 OpenHarmony 的 repo 库下载对应的修改后的 LLVM。

2.3　南向开发入门

本节主要介绍在 Ubuntu 环境下如何搭建一套完整的可视化开发环境。

2.3.1　编译环境

操作系统使用 Ubuntu 18 及以上版本，建议安装 20.04 版本，内存 16GB 及以上。此外 Ubuntu 系统的用户名不能包含中文字符。

系统安装完毕后需要将 Ubuntu Shell 环境修改为 Bash。

确认输出结果为 Bash，命令如下：

```
ls - l /bin/sh
```

如果输出结果不是 Bash，则将 Ubuntu Shell 修改为 Bash。打开终端工具，将 Ubuntu Shell 由 Dash 修改为 Bash，命令如下：

```
sudo dpkg - reconfigure dash
```

选择< No >，按 Enter 键确认。显示对话框如图 2-1 所示。

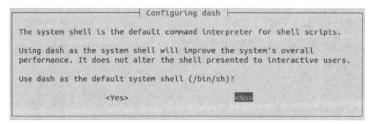

图 2-1　修改 Shell 环境时弹出的窗口

使用如下 apt-get 命令安装后续操作所需的库和工具，命令如下：

```
//第2章/安装命令
sudo apt - get update && sudo apt - get install binutils binutils - dev git git - lfs gnupg flex bison
gperf build - essential zip curl zlib1g - dev gcc - multilib g++ - multilib gcc - arm - linux -
gnueabi libc6 - dev - i386 libc6 - dev - amd64 lib32ncurses5 - dev x11proto - core - dev libx11 - dev
lib32z1 - dev ccache libgl1 - mesa - dev libxml2 - utils xsltproc unzip m4 bc gnutls - bin python3.8
python3 - pip ruby genext2fs device - tree - compiler make libffi - dev e2fsprogs pkg - config perl
openssl libssl - dev libelf - dev libdwarf - dev u - boot - tools mtd - utils cpio doxygen liblz4 - tool
openjdk - 8 - jre gcc g++ texinfo dosfstools mtools default - jre default - jdk libncurses5 apt - utils
wget scons python3.8 - distutils tar rsync git - core libxml2 - dev lib32z - dev grsync xxd libglib2.0 -
dev libpixman - 1 - dev kmod jfsutils reiserfsprogs xfsprogs squashfs - tools pcmciautils quota ppp
libtinfo - dev libtinfo5 libncurses5 - dev libncursesw5 libstdc++6 gcc - arm - none - eabi vim ssh
locales libxinerama - dev libxcursor - dev libxrandr - dev libxi - dev
```

> 🔆 **注意**：以上安装命令适用于 Ubuntu 18.04，其他版本需要根据安装包名称采用对应的安装命令，其中，Python 要求 3.8 及以上版本，此处以 Python 3.8 为例。

安装 ohos-build 编译工具，代码如下：

```
pip3 install -- userohos - build
```

hb 是 HarmonyOS 2.0 里新增加的编译命令行构建工具。需要 Python 3.7.4 及以上版本的支持，建议安装 3.8.x。源码在 OpenHarmony\build\lite\hb 目录下。

调试前需要设置编译环境参数，可使用 hb set 命令设置。查看这次调试用的 hb 环境参数，输入指令及回显如下：

```
>> hb set
[OHOS INFO] root path: /home/<用户名>/hmchips3.0
[OHOS INFO] board: hmRK2206
[OHOS INFO] kernel: liteos_m
[OHOS INFO] product:
[OHOS INFO] product path:
/home/<用户名>/ hmchips3.0/vendor/hmchips/hmRK2206
[OHOS INFO] device path:
/home/<用户名>/hmchips3.0/device/hmchips/hmRK2206/sdk_liteos
```

其中，root path 是源码文件的存储位置；board 是编译的开发板类型；kernel 是开发板的内核类型；product、product path、device path 应根据开发产品的相关信息进行相应修改，这里以 hmRK2206 开发为例。

执行编译脚本，命令如下：

```
./build/prebuilts_download.sh
```

对于编译工具 hb 的使用方法，可以通过输入 hb-h 命令获取帮助信息，显示信息如下：

```
>> hb - h
usage: hb

OHOS build system
```

```
positional arguments:
{ build, set, env, clean }
build:Build source code
set:OHOS build settings
env:Show OHOS build env
clean:Clean output

optional arguments:
- h, -- help show this help messageand exit
```

对于源码及修改后的代码,可以通过 hb 编译工具转换为可烧录开发板的二进制文件,命令如下:

```
hb build - f
```

hb 编译过程主要通过各级文件夹中的 BUILD.gn 文件实现,代码如下:

```
//第 2 章/BUILD.gn
static_library("hardware")
{
    sources = {
        "src/xxx.c",
        "src/yyy.c",
    }
    include_dirs = [
        "./include",
        "//third_party/musl/porting/liteos_m/kernel/include",]
    deps = [
        //kerner/lite_m:kernel/include
    ]
}
```

2.3.2　源码下载

第 1 步,在网上注册码云 Gitee 账号。第 2 步,注册码云 SSH 公钥,具体步骤可参考码云帮助中心。

通过命令行安装 git 客户端和 git-lfs 并配置用户信息,命令如下:

```
git config -- global user.name "yourname"
git config -- global user.email "your - email - address"
git config -- global credential.helper store
```

源码需要使用 repo 工具进行下载,接下来介绍 repo 工具及下载方式。

repo 是 Android 为了方便管理多个 git 库而开发的 Python 脚本。repo 的出现并非为了取代 git,而是为了让 Android 开发者更为有效地利用 git。

Android 源码包含数百个 git 库,仅仅是下载这么多 git 库就是一项繁重的任务,所以在下载源码时,Android 引入了 repo。Android 官方推荐下载 repo 的方法是通过 Linux curl 命令下载,下载完后,为 repo 脚本添加可执行权限。下载命令如下:

```
curl - shttps://gitee.com/oschina/repo/raw/fork_flow/repo - py3 >/usr/local/bin/repo
```

如果没有权限,则可下载至其他目录,并将其配置到环境变量中命令如下:

```
chmoda + x /usr/local/bin/repo
```

通过 repo+https 下载主分支最新代码,命令如下:

```
repoinit - uhttps://gitee.com/OpenHarmony/manifest.git - bmaster - - no - repo - verify
reposync - c
repoforall - c'gitlfspull'
```

执行上述命令后,将版本切换到 3.0 稳定版本,命令如下:

```
repoinit - uhttps://gitee.com/OpenHarmony/manifest.git - bmasterOpenHarmony - 3.0 - LTS - - no -
repo - verify
```

执行上述命令后,还需要切换 your.xml 文件,命令如下:

```
repoinit - uhttps://gitee.com/OpenHarmony/manifest.git - bmasterOpenHarmony - 3.0 - LTS - myour.
xml - - no - repo - verify
```

2.3.3 编译及烧录

编译前需要设置编译环境参数,第 1 次编译前需要选择对应的开发板类型,这里选择 HM-RK2206H0-A,命令如下:

```
hb set
```

重新编译前需要清除之前编译时产生的文件,清除后才能完全编译。清除命令如下:

```
hb clean
```

编译环境配置完成后,对代码进行编译,生成烧录的二进制文件,命令如下:

```
hb build
```

烧录前可以先查看开发板的连接状态。开发板烧录需要按下 Maskroom,同时通过配套的数据线将开发板连接至计算机,此时开发板进入 Maskroom 烧写模式。运行如下指令可以查看开发板是否连接成功,命令如下:

```
./flash.sh - q
```

编译完成后的文件存储在 out 文件内,运行 ./flash.sh 脚本,将生成的固件烧录到开发板中,命令如下:

```
./flash.sh
```

2.3.4 启动相关的函数介绍

1. Reset_Handle(Startup.S)

将代码段/数据段和 BSS 端从 Flash 搬到内存。依次调用 SystemInit 函数、Main 函数。实现代码如下:

```
#endif
/* __STARTUP_CLEAR_BSS_MULTIPLE||__STARTUP_CLEAR_BSS */
bl SystemInit
bl Main
```

2. 调试输出（dprintf.h）

重写 printf 函数。要实现重写 printf 函数首先需要学习可变参函数。可变参函数是怎么实现的,首先要理解参数是如何被传递给函数的。众所周知,函数的数据存放于栈中,那么给一个函数传递参数的过程就是将函数的参数从右向左逐次压栈,代码如下:

```
func(int i, char c, double d)
```

这个函数传递参数的过程就是将 d、c 和 i 逐次压到函数的栈中,由于栈是从高地址向低地址扩展的,所以 d 的地址最高,i 的地址最低。

理解了函数传递参数的过程,再来讲解 va_list 的原理,通常,可变参数的代码如下:

```
//第 2 章/func.c
void func(char * fmt, ...)
{
    va_list ap;
    va_start(ap, fmt);
    va_arg(ap, int);
    va_end(va);
}
```

这里 ap 其实就是一个指针,指向了参数的地址。

va_start()让 ap 指向函数最后一个确定的参数(声明程序中是 fmt)的下一个参数的地址。

va_arg()根据 ap 指向的地址,和第 2 个参数所确定的类型,将这个参数中的数据提取出来,作为返回值,同时让 ap 指向下一个参数。

va_end()让 ap 指针指向 0,代码如下:

```
//使 ap 指向第 1 个可变参数的地址
#define  va_start(ap, v)(ap = (va_list) & v + _INTSIZEOF(v))

//使 ap 指向下一个可变参数,同时将目前 ap 所指向的参数提取出来并返回
#define  va_arg(ap, t)( * (t *)((ap += _INTSIZEOF(t)) - _INTSIZEOF(t)))

//销毁 ap
#define  va_end(ap)(ap = (va_list)0)
```

接下来重写 printf 的完整代码,代码如下:

```
//第 2 章/printf.c
int printf(charconst * fmt, ...)
{
    Va_listap;
    charbuffer[256];
    va_start(ap, fmt);
```

```
    vsnprintf(buffer, 256, fmt, ap);
    DebugWrite(Debug_PORT, (constunsignedchar * )buffer, strlen(buffer));
    DebugPutc(Debug_PORT, '\r');
    va_end(ap);
    return0;
}
```

3. 内核初始化：LOS_KernelInit(main.c)

内核初始化包括了一系列重要的初始化工作,本节介绍其中较为重要的部分,详细介绍会留在后文各个模块的源码学习中单独进行。本节主要介绍从内核启动到各个模块开始运转的过程。

1) 基本内核功能初始化

内核的基础功能初始化流程如图 2-2 所示。

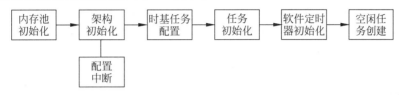

图 2-2   内核的基础功能初始化流程

接下来,介绍在初始化过程中涉及的相关函数。

通过 OsRegister 函数设置最大的任务数量,代码如下：

```
//第 2 章/OsRegister.c
OsStatus_t osKernelInitialize(void)
{
    If(OS_INIT_ACTIVE){
        return osErrorISR;
    }
    If(g_KernelState != osKernelInactive){
        return osError;
    }
}
```

调用内存初始化函数初始化堆,OsMemSystemInit 初始化的内容就是获取堆的首地址,然后根据设置的大小分配内存,代码如下：

```
//第 2 章/OsMemSystemInit.c
    ret = OsMemSystemInit();
if (ret != LOS_OK) {
    PRINT_ERR("OsMemSystemInit error % d\n", ret);
    return ret;
}
```

之后的初始化是跟底层架构相关的初始化函数,该函数调用了硬件中断初始化,如果使能内核中断接管,则会在这个函数进行初始化,架构相关初始化函数,代码如下：

```
LITE_OS_SEC_TEXT_INIT VOID ArchInit(VOID)
{
    HalHwiInit();
}
```

芯片架构初始化完成后,进行系统时间基准任务初始化,因为系统的正常运行离不开由内核定时器提供的时间基准,时间基准的维护由其相关时间基准任务进行,时间基准初始化就是配置相关任务,设置时间基准的一些相关参数,代码如下:

```
ret = OsTickTimerInit();
if (ret != LOS_OK) {
    PRINT_ERR("OsTickTimerInit error! 0x % x\n", ret);
    return ret;
}
```

之后调用 OsTaskInit 初始化任务列表,复位相关结构体的参数,调用的函数如下:

```
ret = OsTaskInit();
if (ret != LOS_OK) {
    PRINT_ERR("OsTaskInit error\n");
    return ret;
}
```

任务初始化完成后,接着初始化 IPC 通信的相关内容,分别初始化信号量、互斥量、队列,代码如下:

```
//第 2 章/IPC.c
#if(LOSCFG_BASE_IPC_SEM == 1)
ret = OsSemInit();
if (ret != LOS_OK) {
    return ret;
}
#endif

#if(LOSCFG_BASE_IPC_MUX == 1)
ret = OsMuxInit();
if (ret != LOS_OK) {
    return ret;
}
#endif

#if(LOSCFG_BASE_IPC_QUEUE == 1)
ret = OsQueueInit();
if (ret != LOS_OK) {
    PRINT_ERR("OsQueueInit error\n");
    return ret;
}
#endif
```

之后使用 OsSwtmrInit 对软件定时器列表进行初始化,同时创建一个软件定时器守护线程,用于维护软件定时器,代码如下:

```
//第 2 章/OsSwtmrInit.c
# if(LOSCFG_BASE_CORE_SWTMR == 1)
ret = OsSwtmrInit();
if (ret != LOS_OK) {
    PRINT_ERR("OsSwtmrInit error\n");
    return ret;
}
# endif
```

最后创建空闲任务,代码如下:

```
ret = OsIdleTaskCreate();
if (ret != LOS_OK) {
    return ret;
}
```

2) 其他系统功能初始化

除系统运行的几个关键初始化函数之外,还有一些其他的可裁剪功能。

判断栈回溯宏定义有没有开启,如果开启了就初始化栈回溯,将回溯的 hook 关联上,这样就会执行相关函数,代码如下:

```
# if(LOSCFG_BACKTRACE_TYPE != 0)
    OsBackTraceInit();
# endif
```

下面一段代码用于 LMS 模块裁剪控制,该模块可以检测 memcpy、memmove、strcat、strcpy、memcpy_s、memmove_s、strcat_s、strcpy_s 这些函数的使用是否会引入内存问题,代码如下:

```
# ifdef LOSCFG_kernel_LMS
    OsLmsInit();
# endif
```

LMS 的初始化就是初始化控制句柄,为它分配好内存,然后指向对应的函数实体,代码如下:

```
//第 2 章/OsLmsInit.c
VOID OsLmsInit(VOID)
{
    memset(g_lmsCheckPoolArray, 0, sizeof(g_lmsCheckPoolArray));
    LOS_ListInit(& g_lmsCheckPoolList);
    static LmsHook hook = {
        .init = LOS_LmsCheckPoolAdd,
        .mallocMark = OsLmsLosMallocMark,
        .freeMark = OsLmsLosFreeMark,
        .simpleMark = OsLmsSimpleMark,
        .check = OsLmsCheckValid,
    };
    g_lms = & hook;
}
```

4. CPUP

CPU 占用率(Central Processing Unit Percentage,CPUP)分为系统 CPU 占用率和任务 CPU 占用率。用户通过系统 CPU 占用率,判断当前系统负载是否超出设计规格;通过系统中任务 CPU 占用率,判断各个任务的 CPU 占用情况是否符合设计的预期。

系统 CPU 占用率是指周期时间内系统的 CPU 占用率,用于表示系统一段时间内的闲忙程度,也表示 CPU 的负载情况。系统 CPU 占用率的有效表示范围为 0~100,其精度(可通过配置调整)为百分比。100 表示系统满负荷运转。

任务 CPU 占用率指单个任务的 CPU 占用率,用于表示单个任务在一段时间内的闲忙程度。任务 CPU 占用率的有效表示范围为 0~100,其精度(可通过配置调整)为百分比。100 表示在一段时间内系统一直在运行该任务。

CPUP 模块用任务级记录的方式,在任务切换时,记录任务启动时间,任务切出或者退出时间,每次当任务退出时,系统会累加整个任务的占用时间。接下来讲解 CPUP 模块支持的常见操作的源代码。

1) CPUP 结构体定义

在文件 components\cpup\los_cpup.h 定义的 CPUP 控制块结构体为 OsCpupCB,allTime 用于记录该任务自系统启动以来运行的时间,startTime 用于记录任务开始运行的时间,historyTime 用于记录历史运行时间数组的 10 个元素,并记录最近 10s 中每个任务每秒自系统启动以来运行的 cycle 数,其他结构体成员的解释见注释部分,代码如下:

```
typedef struct {
    UINT32 cpupID;                                    /**< 任务编号 */
    UINT16 status;                                    /**< 任务状态 */
    UINT64 allTime;                                   /**< 总共运行的时间 */
    UINT64 startTime;                                 /**< 任务开始时间 */
    UINT64 historyTime[OS_CPUP_HISTORY_RECORD_NUM];
                        /**< 历史运行时间数组,其中 OS_CPUP_HISTORY_RECORD_NUM 为 10 */
} OsCpupCB;
```

另外,还定义了一个结构体 CPUP_INFO_S,代码如下:

```
typedef struct tagCpupInfo {
    UINT16 usStatus;                                  /**< 保存当前运行任务状态        */
    UINT32 uwUsage;                                   /**< 使用情况,范围为 [0,1000]   */
} CPUP_INFO_S;
```

2) CPUP 枚举定义

CPUP 头文件 components\cpup\los_cpup.h 中提供了相关的枚举,CPUP 占用率类型 CPUP_TYPE_E,以及 CPUP 统计时间间隔模式 CPUP_MODE_E,代码如下:

```
typedef enum {
    SYS_CPU_USAGE = 0,                                /* 系统 CPUP */
    TASK_CPU_USAGE,                                   /* 任务 CPUP */
} CPUP_TYPE_E;
typedef enum {
```

```
    CPUP_IN_10S = 0,                       /* CPUP 统计周期为 10s */
    CPUP_IN_1S,                            /* CPUP 统计周期为 1s */
    CPUP_LESS_THAN_1S,                     /* CPUP 统计周期<1s */
} CPUP_MODE_E;
```

3) CPUP 初始化

CPUP 默认关闭,用户可以通过宏 LOSCFG_BASE_CORE_CPUP 开启。在开启 CPUP 的情况下,在系统启动时,在 kernel\src\los_init.c 文件中调用 OsCpupInit 进行 CPUP 模块初始化。CPUP 初始化的相关代码如下:

```c
//第 2 章/OsCpupInit.c
#if(LOSCFG_BASE_CORE_CPUP == 1)
    ret = OsCpupInit();
if (ret != LOS_OK) {
    PRINT_ERR("OsCpupIniterror\n");
    return ret;
}
#endif
    #if(LOSCFG_BASE_IPC_SEM == 1)
    ret = OsSemInit();
if (ret != LOS_OK) {
    return ret;
}
#endif
    #if(LOSCFG_BASE_IPC_MUX == 1)
    ret = OsMuxInit();
if (ret != LOS_OK) {
    return ret;
}
#endif
    #if(LOSCFG_BASE_IPC_QUEUE == 1)
    ret = OsQueueInit();
if (ret != LOS_OK) {
    PRINT_ERR("OsQueue Init error\n");
    return ret;
}
#endif
    #if(LOSCFG_BASE_CORE_SWTMR == 1)
    ret = OsSwtmrInit();
if (ret != LOS_OK) {
    PRINT_ERR("Os Swtmr Init error\n");
    return ret;
}
#endif
    ret = OsIdleTaskCreate();
if (ret != LOS_OK) {
    return ret;
}
#if(LOSCFG_kernel_TRACE == 1)
    ret = LOS_TraceInit(NULL, LOSCFG_TRACE_BUFFER_SIZE);
if (ret != LOS_OK) {
    PRINT_ERR("LOS_Trace Init error\n");
```

```
        return ret;
    }
# endif
    # if(LOSCFG_kernel_PM == 1)
    ret = OsPmInit();
if (ret != LOS_OK) {
    PRINT_ERR("Pm init failed!\n");
    return ret;
}
# endif
    # if(LOSCFG_PLATFORM_EXC == 1)
    OsExcMsgDumpInit();
# endif
    return LOS_OK;
```

5. IoT 初始化

Iotmain.c 文件中定义了 IotInit 函数,用于初始化 IoT 用到的相关外围设备、板级设置及 IoT 线程创建(默认为空线程),代码如下:

```
//第 2 章/IotInit.c
void IotInit(void)
{
    unsignedint threadID;
    TOY_LOGD(IoT_TAG, "% s:start...", __func__);
    Spi1DevInit();
    I2c0DevInit();
    I2c1DevInit();
    AdcDevInit();
    PwmDevInit();
    FlashInit();
    VendorSetInfo();
    VendorGetInfo();
    CreateThread(& threadID, IotProcess, NULL, "iotprocess");
}
```

6. 调度

调度开始于入口函数 LOS_Start,函数内将回调 LOS_Start 函数和 osTickStart 函数。开启任务调度的函数入口,代码如下:

```
/ * 开启调度 * /
LOS_Start();
```

LOS_Start 函数的主要内容包括配置节拍定时器和启动调度,代码如下:

```
//第 2 章/LOS_Start.c
/ *********************************************************************
Function    : LOS_Start
Description : Task start function
Input       : None
Output      : None
Return      : LOS_OK on success or error code on failure
    ********************************************************************* /
```

```
LITE_OS_SEC_TEXT_INIT UINT32 LOS_Start(VOID)
{
    UINT32 uwRet;
/* 判断是否使用专用定时器 */
# if (LOSCFG_BASE_CORE_TICK_HW_TIME == NO)        //不使用专门的定时器
    uwRet = osTickStart();                        //开启调度

    if (uwRet != LOS_OK)
    {
        PRINT_ERR("osTickStart error\n");
        return uwRet;
    }
# else                                            //使用专门的定时器
    extern int os_timer_init(void);
    uwRet = os_timer_init();                      //RTOS 配置的专用定时器
    if (uwRet != LOS_OK)
    {
        PRINT_ERR("os_timer_init error\n");
        return uwRet;
    }
# endif
    LOS_StartToRun();                             //启动调度,汇编
    return uwRet;
}
```

osTickStart 函数的主要内容为检查参数和配置 RTOS 系统时钟滴答定时器。涉及的宏 OS_SYS_CLOCK 表示系统时钟频率(单位为 Hz,硬系统时钟频率,即 CPU 频率);LOSCFG_BASE_CORE_TICK_PER_SECOND 表示每秒心跳次数(软系统时钟频率,即 RTOS 频率)。osTickStart 函数的代码如下:

```
//第 2 章/osTickStart.c
/ ******************************************************************
Function    : osTickStart

Description : Configure Tick Interrupt Start
Input       : none
output      : none
return      : LOS_OK = Success , or LOS_ERRNO_TICK_CFG_INVALID = failed
****************************************************************** /
LITE_OS_SEC_TEXT_INIT UINT32 osTickStart(VOID)
{
    UINT32 uwRet;
    if ((0 == OS_SYS_CLOCK) || (0 == LOSCFG_BASE_CORE_TICK_PER_SECOND) || (LOSCFG_BASE_CORE_
TICK_PER_SECOND > OS_SYS_CLOCK)) /* lint !e506 */
/* 如果设置的每秒心跳次数大于系统时钟频率,则返回 ERROR */
    {
        return LOS_ERRNO_TICK_CFG_INVALID;
    }

# if (LOSCFG_PLATFORM_HWI == YES)                 //开启中断接管
# if (OS_HWI_WITH_ARG == YES)                     //参数配置项
```

```
    osSetVector(SysTick_IRQn, (HWI_PROC_FUNC)osTickHandler, NULL);
    //设置中断向量表
#else
    osSetVector(SysTick_IRQn, osTickHandler);                         //设置中断向量表
#endif
#endif

    g_uwCyclesPerTick = OS_SYS_CLOCK / LOSCFG_BASE_CORE_TICK_PER_SECOND;   //算出每个心跳的周期
    g_ullTickCount = 0;

    uwRet = SysTick_Config(OS_SYS_CLOCK / LOSCFG_BASE_CORE_TICK_PER_SECOND);  //配置滴答定时器
    if (uwRet == 1)
    {
        return LOS_ERRNO_TICK_PER_SEC_TOO_SMALL;
    }

    return LOS_OK;
}
```

2.3.5　添加组件

在开始调度 LOS_Start 之前,所有函数都不能调用 sleepInit 函数中的 sleep 函数。

1. 创建子系统

修改/vendor/rockchip/vendor/config.jsonvendor/rockchip 文件内容,可以定义自己的子系统,代码如下:

```
{
    "subsystem": "iot_hardware",//第一级的根目录组件是 iot_hardware
    "components": [{ "component": "iot_controller", "features": [] }]
            //二级目录下,可支持多个组件
}
```

2. 自定义组件

在子系统对应的子目录下的 buid.gn 中修改对应参数,即可创建自己的组件,代码如下:

```
//第2章/buid.gn
"components": [{
        "component": "iot_controller",
        "description": "Iotperipheralcontroller.",
        "optional": "false",
        "dirs": ["base/iot_hardware/peripheral"],
        "targets": ["//base/iot_hardware/peripheral:iothardware"],
        "output": [],
        "rom": "",
        "ram": "",
        "adapted_Kernel": ["liteos_m"],
        "features": [],
        "deps": { "components": [], "third_party": [] }
    }
```

2.4 北向开发入门

2.4.1 DevEco Studio 3.0 下载与安装

由于本书针对的是 OpenHarmony 系统，所以下载的是 DevEco Studio 3.0 Beta3。该版本适用于 OpenHarmony 应用及服务开发，用户可尝鲜体验 OpenHarmony 3.1 的新特性，在试用过程中可能会出现一些功能不稳定的问题，用户可积极反馈。下载网址为 https://developer.harmonyos.com/cn/develop/deveco-studio♯download_beta。

下载界面如图 2-3 所示。

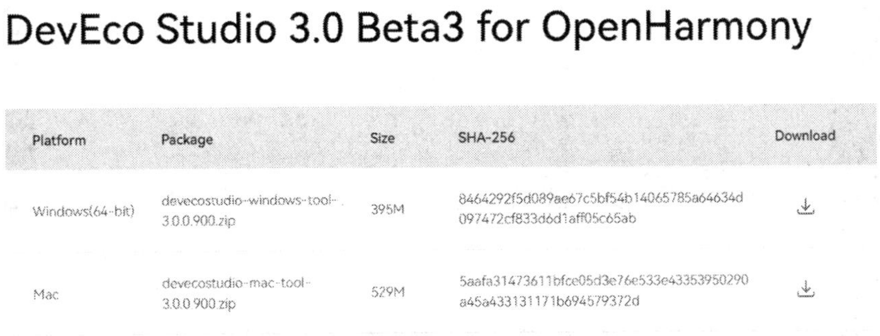

DevEco Studio 3.0 Beta3 for OpenHarmony

Platform	Package	Size	SHA-256	Download
Windows(64-bit)	devecostudio-windows-tool-3.0.0.900.zip	395M	8464292f5d089ae67c5bf54b14065785a64634d097472cf833d6d1aff05c65ab	↓
Mac	devecostudio-mac-tool-3.0.0.900.zip	529M	5aafa31473611bfce05d3e76e533e43353950290a45a433131171b6945793372d	↓

图 2-3 下载 DevEco Studio 3.0 Beta3

在下载之前要拥有一个华为账号，如果没有，则可立即注册一个，如图 2-4 所示。之后便是填写个人信息等。

图 2-4 注册华为账号

　　根据自己的计算机系统可选择 Windows(64-bit)和 Mac 版本,单击 Download 按钮即可下载。本书主要讲解 Windows 版本的下载与安装过程,如图 2-5 所示。

　　勾选"我已经阅读并同意 HUAWEI DevEco Studio Beta 试用协议",单击"同意"按钮,如图 2-5 所示。

图 2-5　同意 HUAWEI DevEco Studio Beta 试用协议

　　下载完成后解压缩,然后双击 deveco-studio-3.0.0.900 安装程序进行安装。此时,在该对话框和之后出现的对话框中均单击 Next 按钮即可完成安装。读者可根据实际情况调整部分选项,但一般情况下保持默认选项即可,如图 2-6 所示。

图 2-6　DevEco Studio 安装界面(Windows)

💡注意:安装地址建议选择在除 C 盘外的任意硬盘中,如图 2-7 所示。

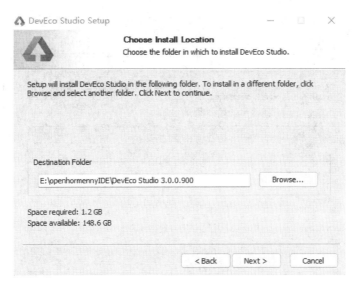

图 2-7 选择安装位置

建议勾选 Create Desktop Shortcut 和 Update PATHVariable 下的选项,然后单击 Next 按钮,如图 2-8 所示。

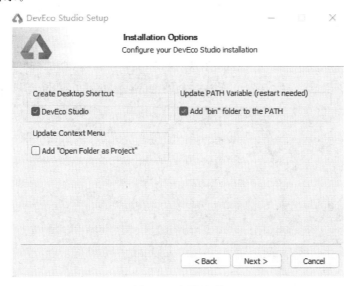

图 2-8 安装选项

单击 Install 按钮完成安装,如图 2-9 所示。

安装完成后系统会提示重启计算机,可根据自己情况完成重启操作。

2.4.2 下载并安装 Node.js

安装 Node.js 是可选的。如果读者使用 JavaScript 语言开发鸿蒙应用程序,则需要在安装 DevEco Studio 后安装 Node.js,以提供相关的模块支持。下面介绍在 Windows 操作系统中下载和安装 Node.js 的步骤。

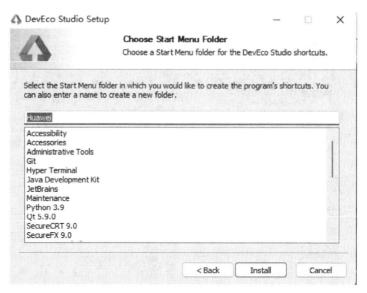

图 2-9　完成安装

首先,需要在 Node.js 官方网站(https://nodejs.org/zh-cn/)下载适用于 Windows 的 64 位 Node.js 长期维护版本。本书以 Node.js 的 16.15.0 版本为例进行介绍。下载完成后,打开 node-v16.15.0-x64 安装文件,如图 2-10 所示。

图 2-10　Node.js 安装界面

勾选 I accept the terms in the License Agreement,单击 Next 按钮,如图 2-11 所示。

建议安装在除 C 盘外的任意硬盘中,如图 2-12 所示。

DevEco Studio 集成开发环境并不需要 Node.js 所提供的必要工具链,因此,可以取消勾选 Automatically install the necessary tools 选项,否则可能会占用大量的下载时间。之后单

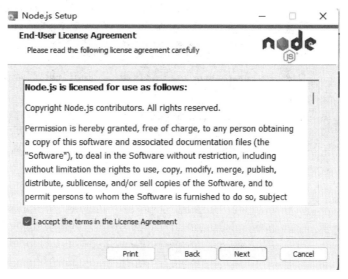

图 2-11 同意协议

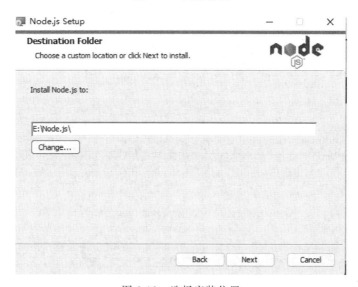

图 2-12 选择安装位置

击 Next 按钮,如图 2-13 所示。

安装完成后,单击 Finish 按钮结束安装程序,如图 2-14 所示。

2.4.3 尝试打开 DevEco Studio

接下来,打开 DevEco Studio 软件判断是否安装成功,并进行最后的配置工作。单击桌面上自动生成的 DevEco Studio 快捷方式。

首次打开时会弹出关于华为 DevEco Studio 使用条款和平台隐私等对话框,单击 Agree 按钮,如图 2-15 所示。

图 2-13　是否安装必要工具链

图 2-14　完成 Node.js 安装

图 2-15　DevEco Studio 首次打开

打开以后便会呈现如图 2-16 所示界面。接下来就开始 OpenHarmony 系统应用的开发吧!

图 2-16　OpenHarmony 系统开发界面

2.5　本章小结

本章主要介绍了开发环境的搭建、代码下载和编译流程及相关函数。

2.6　课后练习

(1) 请简述 OpenHarmony 系统的基本构成。

(2) 请简述编译构建的常用工具。

(3) 请简述 OpenHarmony 编译中使用 Python 系列中各个脚本的作用。

(4) 请简述 OpenHarmony 南向开发中编译环境的搭建过程。

(5) 请简述红莓开发板 RK2206 的固件烧写过程。

(6) 请简述 OpenHarmony 源码中 L0 层级的设备,以及内核初始化调用如何完成。

(7) 请简述 OpenHarmony 北向开发需要使用哪些工具。

第 3 章

内　核

内核是操作系统中最核心和基础的部分,为操作系统的诸多特性和功能提供最基础的支持。关于内核的范围定义也有很多不同的观点,一般容易被大多数人接受的内核模块包括进程调度、内存管理、文件系统和进程间通信。

OpenHarmony LiteOS-M 内核是面向 IoT 领域构建的轻量级物联网操作系统内核,具有小体积、低功耗、高性能的特点。其代码结构简单,主要包括内核最小功能集、内核抽象层、可选组件及工程目录等。支持驱动框架 HDF(Hardware Driver Foundation),统一驱动标准,为设备厂商提供了更统一的接入方式,使驱动更加容易移植,力求做到一次开发,多系统部署。

OpenHarmony LiteOS-M 内核架构包含硬件相关层及硬件无关层,如图 3-1 所示,其中硬件相关层按不同编译工具链、芯片架构分类,提供统一的 HAL(Hardware Abstraction Layer)接口,提升了硬件易适配性,满足 AIoT 类型丰富的硬件和编译工具链的拓展;其他模块属于硬件无关层,其中基础内核模块提供基础能力,扩展模块提供网络、文件系统等组件能力,还提供错误处理、调测等能力,KAL(Kernel Abstraction Layer)模块提供统一的标准接口。

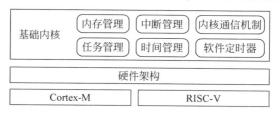

图 3-1　OpenHarmony LiteOS-M 内核架构图

在接下来的章节中,将对 OpenHarmony LiteOS-M 内核相关内容进行介绍。

3.1　中断管理

在程序运行过程中,当出现需要由 CPU 立即处理的事务时,CPU 会暂时中止当前程序的执行转而处理这个事务,这个过程叫作中断。当硬件产生中断时,通过中断号查找到其对应的中断处理程序,执行中断处理程序完成中断处理。

通过中断机制,在外围设备不需要 CPU 介入时,CPU 可以执行其他任务;当外围设备需要 CPU 时,CPU 会中断当前任务来响应中断请求。这样可以使 CPU 避免把大量时间耗费在等待、查询外围设备状态的操作上,可有效地提高系统的实时性及执行效率。

当中断条件满足时硬件会告知处理器,并请求处理器中断当前正在执行的代码,以便及时处理该事件。如果请求被接收,则处理器将通过挂起当前活动,保存其状态并执行一个称为中断处理程序(或中断服务程序)的函数来处理该事件,然后对请求作出响应。

中断是暂时的处理,除非致命的错误中断,否则在中断处理程序完成后,处理器将恢复中断保存起来的执行现场,继续原来的处理过程。

硬件设备通常使用中断来报告需要处理的电子或物理状态更改。在现代操作系统中,中断也通常用于实现计算机多任务处理,尤其是在实时计算中,以这种方式使用中断进行调度的系统被称为中断驱动调度。

下面介绍中断管理接口,如表 3-1 所示。

表 3-1 中断管理接口

功能分类	接口名	描 述
创建中断	LOS_HwiCreate	注册中断号、中断触发模式、中断优先级、中断处理程序。当中断被触发时,会调用该中断处理程序
删除中断	LOS_HwiDelete	根据指定的中断号,删除中断
打开中断	LOS_IntUnLock	使能当前处理器所有中断响应
关闭中断	LOS_IntLock	关闭当前处理器所有中断响应
恢复操作之前的状态	LOS_IntRestore	恢复到使用 LOS_IntLock、LOS_IntUnLock 操作之前的中断状态
屏蔽中断	LOS_HwiDisable	通过设置寄存器,禁止 CPU 响应该中断
使能中断	LOS_HwiEnable	通过设置寄存器,允许 CPU 响应该中断
设置中断优先级	LOS_HwiSetPriority	设置中断优先级
触发中断	LOS_HwiTrigger	通过写中断控制器的相关寄存器模拟外部中断
清除中断寄存器状态	LOS_HwiClear	清除中断号对应的中断寄存器的状态位,此接口依赖中断控制器版本,非必须

利用上述接口,可以实现创建中断、触发中断和删除中断的操作,代码如下:

```
//第 3 章/interrupt.c
# include "los_interrupt.h"
/ * 创建中断 * /
# defineHWI_NUM_TEST7
STATICVOIDHwiUsrIrq(VOID)
{
    printf("inthefuncHwiUsrIrq\n");
}
staticUINT32Example_Interrupt(VOID)
{
    UINT32ret;
    HWI_PRIOR_ThwiPrio = 3;
    HWI_MODE_Tmode = 0;
    HWI_ARG_Targ = 0;

    / * 创建中断 * /
    ret = HalHwiCreate(HWI_NUM_TEST,hwiPrio, mode, (HWI_PROC_FUNC)HwiUsrIrq, arg);
    if (ret == LOS_OK)
```

```
{
    printf("Hwicreatesuccess!\n");
}
else
{
    printf("Hwicreatefailed!\n");
    returnLOS_NOK;
}
/* 延时 50 个 Ticks,当有硬件中断发生时,调用 HwiUsrIrq 函数 */
LOS_TaskDelay(50);
/* 删除中断 */
ret = HalHwiDelete(HWI_NUM_TEST);
if (ret == LOS_OK)
{
    printf("Success!\n");
}
else
{
    printf("Failed!\n");
    returnLOS_NOK;
}
returnLOS_OK;
}
```

运行结果如下:

```
Success!
Success!
```

3.2　任务管理

任务调度是操作系统的核心内容之一。调度是一种将工作分配给完成工作所需要的资源的过程。在不同的操作系统中,调度的对象可能不一样。在支持线程的系统中,一般调度的对象为线程;在不支持线程的系统中,调度的对象可能是进程。调度对象依次被分配到硬件资源上,例如处理器、内存或其他硬件。一般由一个特定的调度程序来执行调度。调度程序的实现通常会最大可能地利用所有的计算机资源,允许多个用户有效地共享系统资源,并确保达到期待的服务质量。调度的概念使计算机可以用单个 CPU 进行多任务处理。

在多核架构下,调度会变得更为复杂,调度器需要考虑多个 CPU 内核的处理均衡性。调度器是操作系统内核(Kernel)最主要的组成部分,因此在讨论 OpenHarmony 的调度时,必须结合不同的内核进行。本书主要探讨 LiteOS-M 内核的调度器。

从系统角度看,任务是竞争系统资源的最小运行单元。任务可以使用或等待 CPU、使用内存空间等系统资源,并独立于其他任务运行。OpenHarmony LiteOS-M 的任务模块可以向用户提供多个任务,实现任务间的切换,帮助用户管理业务程序流程。任务模块具有以下特性:支持多任务、一个任务代表一个线程、抢占式调度机制、时间片轮转调度及 32 个优先级设置。

3.2.1 TCB 结构体定义

TCB(Task Control Block)和 PCB(Process Control Block)是操作系统调度管理的基础性结构,由于 LiteOS-M 的资源有限,因此在系统中只定义了 TCB,而没有定义 PCB,也就是说 LiteOS-M 里没有进程的概念,或者说只有一个进程。在介绍任务调度的细节之前,先来讲解 LiteOS 的 TCB。

Task 是操作系统进行调度的原子目标对象,在有些操作系统中也称为线程。Process(进程)则是操作系统进行资源管理的实体,进程有独立的地址空间,而线程只是一个进程中的不同执行路径。线程有自己的堆栈和局部变量,但线程没有单独的地址空间。

LiteOS-M 的 TCB 定义如下:

```
//第 3 章/TCB.h
typedef struct{
    VOID * stackPointer;                  /** Task 栈指针 */
    UINT16 taskStatus;                    /** Task 状态 */
    UINT16 priority;                      /** Task 优先级 */
    UINT32 stackSize;                     /** 栈大小 */
    UINT32 topOfStack;                    /** 栈顶指针 */
    UINT32 taskID:                        /** Task ID */
    TSK_ENTRY_FUNC taskEntry;             /** Task 入口函数 */
    VOID * taskSem;                       /** Task 持有信号灯 */
    VOID * taskMux;                       /** Task 持有的 Mutex */
    UINT32 arg;                           /** Task 参数 */
    CHAR * taskName;                      /** Task 名称 */
    LOS_DL_LIST pendList;                 /** Task pend 链表节点 */
    LOS_DL_LIST timerList;                /** 软定时器链表节点 */
    UINT32 idxRolINum;                    /** 软定时器链表排序数 */
    EVENT_CB_S event;                     /** 事件控制块 */
    UINT32 eventMask;                     /** 事件掩码 */
    UINT32 eventMode;                     /** 事件模式 */
    VOID * msg;                           /** 消息队列指针 */
} LosTaskCB;
```

其中,taskStatus 代表 Task 的状态,其被定义为 16 位的无符号整数,每位都对应着特定的状态信息,具体如表 3-2 所示。

表 3-2 LiteOS-M TCB 之 taskStatus 的状态信息

位 分 组	十六进制取值	含 义
0~4Task 状态	0x0001	TCB 未使用
	0x0002	暂停
	0x0004	就绪态
	0x0008	阻塞态
	0x0010	运行态
5	0x0020	被延迟

续表

位 分 组	十六进制取值	含 义
	0x0040	等待时间超时
	N/A	
6～11 时间状态	N/A	
	N/A	
	0x0400	等待时间发生
	0x0800	读取事件信息
12	0x1000	软件定时器等待事件发生
13	0x2000	因为队列而阻塞
14	N/A	
15	0x8000	用户进程标识

总体来说,LiteOS-M 的 TCB 可以分为两部分,一部分是运行控制参数,如堆栈、优先级、状态、函数入口等;另一部分是 IPC 相关参数。

3.2.2 Task 的创建

理解 Task 的创建过程对于理解操作系统的调度非常重要,因为很多与调度相关的属性和信息都是在创建 Task 的过程中进行配置的,这些属性和参数将影响后续操作系统的调度过程。在 LiteOS-M 中没有进程的概念,因此如果想了解任务调度的机制,就要先了解创建 Task 的过程。

LiteOS-M 面对的业务场景相对比较简单,因此在大多数情形下,在系统启动的过程中就创建了所有的 Task。LiteOS-M 提供了一整套机制,以此来很好地支撑这一过程,如图 3-2 所示。

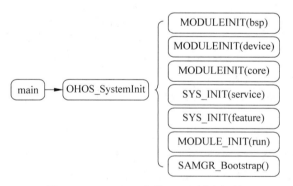

图 3-2 LiteOS-M 中的 Task 创建机制

LiteOS-M 提供了一个系统初始化函数 OpenHarmony_SystemInit。此函数会一次调用各个子模块的初始化函数。以 MODULE_INIT(run)为例,MODULE_INIT 的宏定义如下:

```
//第 3 章/MODULE_INIT.c
#define MODULEINIT(name)
  do
  {
```

```
        MODULE CALL(name, 0);
    } while (0)
# define MODULE CALL(name, step)
    do
    {
        InitCall * initcall = (InitCall *)(MODULE BEGIN(name, step));
        InitCall * initend = (InitCall *)(MODULE END(name, step));
        for (; initcall < initend; initcall++)
        {
            (* initcall)();
        }
    }
    while (0)
```

MODULE_INIT 展开后将会一次调用位于_zinitcall_run_start 和_zinitcall_run_end 之间的 5 个函数,代码如下:

```
//第 3 章/MODULE_INIT.c
0x00000000004ae9fc zinitcall_run_start =
* (.zinitcall.run0.init)
* (.zinitcall.run1.init)
* (.zinitcall.run2.init)
* (.zinitcall.run3.init)
* (.zinitcall.run4.init)
(0)0x00000000004ae9fc _zinitcall_run_end = .hile(0)
```

这些函数的入口需要用到另一组宏定义,代码如下:

```
//第 3 章/ MODULE_INIT.h
# define CORE_INIT(func) LAYER_INITCALL_DEF(func, core, "core")
# define CORE___INIT___PRI(func, priority) LAYER___INITCALL(func.core. "core". priority)

# define SYS__SERVICE__INIT(func) LAYER__INITCALL__DEF(func, sys__service. "sys.service")
# define SYS__SERVICE__INIT__PRI(func, priority) LAYER__INITCALL(func, sys service, "sys.service",
priority)

# define SYS__FEATURE__INIT(func) LAYER__INITCALL__DEF(func, sys feature, "sys.feature")
# define SYS__FEATURE__INIT__PRI(func, priority) LAYER__INITCALL(func, sys feature, "sys.feature".
priority)

# define SYS_RUN(func) LAYER_INITCALL_DEF(func, run, "run")
# define SYS__RUN__PRI(func, priority) LAYER__INITCALL(func, run, "run", priority)

# define SYSEX_SERVICE_INIT(func) LAYER_INITCALL__DEF(func, app_service, "app.service") # define
SYSEX___SERVICE_INIT_PR(func, priority) LAYER INITCALL(func, app service, "app.service", priority)
# define SYSEX__FEATUREINIT(func) LAYER__INITCALL__DEF(func, app_feature, "app.feature")
# define SYSEX__FEATURE_INIT_PRI(func, priority) LAYER__INITCALL(func, app_feature, "app.feature",
priority)

# define APP__SERVICE__INIT(func) LAYER__INITCALL__DEF(func, app__service, "app.service")
# define APP__SERVICE__INIT__PRI(func, priority) LAYER__INITCALL(func, app service, "app.service",
priority)
```

```
#define APP__FEATURE__INIT(func) LAYER__INITCALL__DEF(func, app__feature, "app.feature")
#define APP__FEATURE__INIT__PRI(func, priority) LAYER__INITCALL(func, app feature, "app.feature",
priority)
```

这些宏针对不同的模块定义相关的入口函数,其中 SYS_RUN 使用缺省优先级 2,而 SYS_RUN_PRI 则可以指定优先级。

在对应的入口函数中,需要完成 Task 的创建,代码如下:

```
//第 3 章/DemoSdkMain.c
void DemoSdkMain(void)
{
    DemoSdkEntry0;
}
SYS_RUN(DemoSdkMain);
int DemoSdkEntry(void)
{
    printf("it is demosdk entry.n");
    struct TaskPara_para = {0};
    para.name = "demotask";
    para.func = (void * )DemoSdkBiz
    para.prio = TASK_PRIO;
    para.size = TASK_STACK_SIZE;
    unsigned int handle;
    int ret = DemoSdkCreateTask(& handle, & para);
    if (ret != 0) {
        printf("create task fail.n");
        return - 1;
    }
    return 0;
}
```

上述代码构造了一个创建 Task 的参数结构体,并创建了 Task。

DemoSdkCreatTask 最终会调用 LOS_TaskCreat 完成 Task 在内核的创建过程,下面就来看这个过程。

LiteOS-M 中不存在进程的概念,所有 Task 都由内核统一管理及统一创建。创建一个 LiteOS-M 的 Task,首先需要确定以下的参数:

```
typedef struct tagTskInitParam
{
    TSK_ENTRY_FUNCpfnTaskEntry   pfnTaskEntry;        /* * < Task 入口函数 * /
    UINT16                       usTaskPrio;          /* * < Task 优先级 * /
    UINT32                       uwArg;               /* * < Task 执行参数 * /
    UINT32                       uwStackSize;         /* * < Task 栈尺寸 * /
    CHAR                         * pcName;            /* * < Task 名字 * /
    UINT32                       uwResved;            /* * <保留字段 * /
} ITSK_INIT_PARAM S;
```

LiteOS-M 会根据上面这些参数来创建一个 Task。创建 Task 的大致过程如图 3-3 所示。初始化 Task 的 TCB 内容如表 3-3 所示。

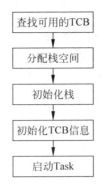

图 3-3　LiteOS-M 创建 Task 的过程

表 3-3　LiteOS-M Task 之 TCB 初始化内容

TCB 元素	初始化内容
stackPointer	初始化为 NULL
arg	初始化内容
topOfStack	来自初始化参数的 uwArg
stackSize	为新建 Task 分配的程序栈的栈顶
taskSem	Task 栈的尺寸,来自初始化参数 uwStackSize
taskMux	信号灯,初始化为空
taskStatus	互斥锁,初始化为空
priority	初始化为 SUSPEND
taskEntry	优先级,来自初始化参数 usTaskPrio
eventuwEventID	入口函数指针,来自初始化参数 taskEntry
eventMask	事件 ID,初始化为 0
taskName	事件掩码,初始化为 0
msg	Task 名称,来自初始化参数 pcName

创建完成的 Task 会立即放入调度序列参与调度,至此就完成了一个 LiteOS-M 的 Task 创建。

3.2.3　Task 状态机

状态机是操作系统调度中经常用到的概念。每个 Task 都有一系列状态,随着操作系统的调度及 I/O 操作等,Task 在不同的状态之间进行切换。

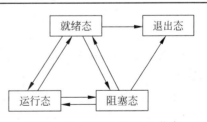

图 3-4　LiteOS-M 的 Task 状态

LiteOS-M 的 Task 状态如图 3-4 所示。

下面介绍 LiteOS-M 的 Task 状态迁移过程。

(1) 就绪态→运行态。Task 创建后进入就绪态,发生 Task 切换时,就绪队列中最高优先级的 Task 被执行,从而进入运行态,但此刻该 Task 依旧在就绪队列中。

(2) 运行态→阻塞态。当正在运行的 Task 发生阻塞(挂起、延时、读信号量等)时,该 Task 会被从就绪队列中删除,Task 状态由运行态变成阻塞态,然后发生 Task 切换,运行就绪队列中最高优先级的 Task。

（3）阻塞态→就绪态（阻塞态→运行态）。阻塞的 Task 被恢复后（任务恢复、延时时间超时、读信号量超时或读到信号量等），此时被恢复的 Task 会被加入就绪队列，从而由阻塞态变成就绪态；此时如果被恢复的 Task 的优先级高于在运行的 Task 的优先级，则会发生 Task 切换，该 Task 将由就绪态变成运行态。

（4）就绪态→阻塞态。Task 也有可能在就绪态时被阻塞（挂起），此时 Task 状态由就绪态变为阻塞态，该 Task 会被从就绪队列中删除，不会参与 Task 调度，直到该 Task 被恢复。

（5）运行态→就绪态。当有更高优先级的 Task 被创建或者恢复时，就会发生 Task 调度，此刻就绪队列中最高优先级的 Task 将变为运行态，原先运行的 Task 由运行态变为就绪态，但依然保留在就绪队列中。

（6）运行态→退出态。运行中的 Task 运行结束，Task 状态将由运行态变为退出态。退出态包含 Task 运行结束的正常退出状态及 Invalid 状态。例如，Task 运行结束，但是没有被自动删除，对外呈现的就是 Invalid 状态，即退出态。

（7）阻塞态→退出态。阻塞的 Task 调用删除接口，Task 状态由阻塞态变为退出态。

3.2.4　调度策略

在计算机系统中，广义的调度是一种将任务分配给完成任务的资源的方法。任务可能是线程也可能是进程，而资源往往包括处理器资源、内存资源等。狭义的调度，特指面向最小任务单元进行 CPU 处理能力分配的过程。最小任务单元在 LiteOS-M 和 LiteOS-A 中就是指 Task。具体来说，任务调度策略就是内核根据什么原则从一系列处于就绪状态的 Task 中，找出下一个要处理的 Task。

调度器是执行调度活动的特殊程序。一般而言，调度器的设计有以下几个原则：

（1）使 CPU 尽量繁忙，不应浪费计算资源。

（2）允许多任务有效共享系统资源。

（3）需要达到目标的 QoS（Quality of Service）。

（4）避免整个系统的崩溃，例如调度器本身陷入死循环或死锁等。

同时满足上述 4 个原则的调度器几乎是不存在的，因为在某些具体的硬件及应用场景下，4 个原则可能会发生冲突，因此，特定的操作系统往往会根据自身的需要，选择合适的调度策略。

LiteOS-M 采用了"优先级队列＋FIFO"的调度策略。LiteOS-M 的调度器维护了一组不同优先级的 Task 队列，每次会从这些 Task 中找出优先级最高的 Task 执行。当有多个 Task 具备同样的优先级时，按照先入队先执行的方式进行选择。LiteOS-M 的优先级队列结构如图 3-5 所示。

对于这个优先级队列，调度器提供了 3 个函数，即入队、出队和取队顶函数，代码如下：

```
//第 3 章/OsPrqucueEnqueue.c
VOID OsPrqucueEnqueue(LOS_DL_LIST * priqueueItem, UINT32 priority)
{
    if (LOS_ListEmpty(& g_losPriorityQueueList(priority))) {
        g_priqueueBitmap = (PRIQUEUE_PRIORO_BIT >> priority);
    }
```

```
        LOS_ListTailInsert(& g_losPriorityQueueList[priority], priqueueItem);
    }
    VOID OsPriqueueDequeue(LOS_DL_LIST * priqueueItem)
    {
        LosTaskCB * runningTask = NULL;
        LOS_ListDelete(priqueueItem);
        runningTask = LOS_DL_LIST_ENTRY(priqueueItem, LosTaskCB, pendList);
        if (LOS_ListEmpty(& g_losPriorityQueueList[runningTask -> priority]))
        {
            g_priqueueBitmap & = ~(PRIQUEUE__PRIORO__BIT >> runningTask -> priority);
        }
    }
    LOS_DL_LIST * OsPriqueueTop(VOID)
    {
        UINT32 priority;
        if (g_priqueueBitmap != 0) {
            priority = CLZ(g_priqueueBitmap);
            return LOS_DL_LIST_FIRST(& g_losPriorityQueueList[priority]);
        }
        return(LOS_DL_LIST * ) NULL;
    }
```

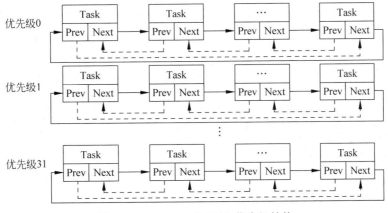

图 3-5　LiteOS-M 的 Task 优先级结构

这 3 个函数操作的是一个以 0~31 优先级为下标的双向链表数组,入队的动作就是根据入队 Task 的优先级找到双向链表,并把新的 Task 放在队尾;离队的动作就是直接删除相应的双向链表节点。

g_priqueueBitmap 是一个比较精巧的数据结构,它记录了各个优先级的标志位,入队和出队时都会维护这个标志位数组。这样每次取队顶节点时,就不需要遍历所有的优先级,只需直接用 CLZ 函数取得第 1 个非 0 的位,也就是直接获得最高的优先级。

对于同优先级的多个 Task 而言,LiteOS-M 采用了 FIFO,即先到先得的策略,只有在前一个 Task 执行完毕,或者因为 I/O 等原因进入阻塞态时,后面的 Task 才会得到执行的机会。

3.2.5　调度的时机

调度的时机指在什么情况下操作系统会进入调度处理的过程。调度的时机是操作系统内的一个重要设计因素,过于频繁的系统调度会耗费更多的 CPU 处理能力;不及时的调度也会让整个系统缺乏并发性和实时性。

LiteOS-M 内核中调度的时机说明如表 3-4 所示。

表 3-4　LiteOS-M 内核中调度的时机说明

时　　机	说　　明
事件(Event)处理	在事件读写的过程中进行调度
互斥量(Mutex)处理	在互斥量的获取和释放过程中进行调度
队列(Queue)	在队列的出队和入队操作时进行调度
信号灯(Semaphore)	在信号灯的获取和释放过程中进行调度
Tick 处理	在每个 Tick 处理过程中进行 Task 扫描,并按照需要触发调度
Task 暂停	当 Task 暂停和继续时进行调度
Task 优先级变化	当 Task 优先级变化时进行调度
Task 让步	当 Task 主动让出执行权时进行调度

3.2.6　Task 切换的实现

在合适的时机进行了合适的调度后,就要进行 Task 的具体切换动作了。所谓 Task 的切换即指操作系统把 Task 运行的上下文从当前运行的 Task 切换到新的待执行的 Task 的过程,涉及相关寄存器的设置及程序运行栈的保存和恢复过程。

接下来介绍 LiteOS-M 如何实现 Task 的调度,这一部分与 ARM 的 Cortex-M 架构息息相关。

LiteOS-M 的 Task 调度过程相对比较简单,是通过 PendSV 软中断实现的,当要进行上下文切换时,就会调用如下代码:

```
osTaskSchedule:
    .fnstart
    .cantunwind

    ldr r0, = OS_NVIC_INT_CTRL
    ldr rl, = OS_NVIC_PENDSVSET
    str rl,[r0]
    bx lr
    .fnend
```

通过把 ICSR 的第 28 位设置为 1,可触发 PendSV 中断。若当前没有更高优先级中断,则 CPU 将会进入并执行 PendSV 的处理函数,LiteOS-M 的 PendSV 处理函数如下:

```
//第 3 章/PendSV.s
type osPendSV. % function
    .global osPendSV
osPendSV:
    .fnstart
    .cantunwind
```

```
        mrs r12,PRIMASK                    //将 PRIMASK 保存到 R12 * /
        cpsid 1                            //关闭中断 * /

        ldr r2, = g_taskSwitchHook
        ldr r2,[r2]
        cbz r2, TaskSwitch                 /* 如果设置了 g_taskSwitchHook,则跳转执行 * /
        push {r12,lr}
        blx r2
        pop {r12. lr}


TaskSwitch:
        mrs r0.psp                         /* PSP 内容存入 R0 * /
        stmd r0!,{r4 - r12}
                /* 保存剩余的寄存器,异常处理程序执行前硬件会自动将 XPSR、PC、LR、R12、ROR3 入栈 * /
        vstmdb r0!,{d8 - d15}              /* 保存向量寄存器 D8 - D15 入栈 * /
        ldr r5, = g_los_Taskldr            /* g_losTask 保存着 runTask 和 newTask 的 TCB 指针 * /
        ldr r6.[r5]                        /* 将 runTask 保存到 R6 * /
        str r0.[r6]                        /* 加载 runTask 的 TCB 的第 1 个元素,即将栈顶指针加载到 R0 * /

        Idrh r7,[r6,#4]                    /* 取 runTask 的 TCB 的第 2 个元素,即 taskStatus * /
        mov r8.#OS_TASK_STATUS_RUNNING //0x0010
        bic r7,r7,r8                       /* 补码与运算 * /
        strh r7,[r6 ,#4]                   /* 写入新的状态 * /

        ldr r0, = g_losTask                /* g_losTask 加载到 R0 * /
        ldr r0,[r0,#4]                     /* 加载 g_losTask + 4,即将 newTask 加载到 R0 * /
        str r0,[r5]                        /* 相当于 runTask = newTask * /

        Idrh r7,[r0,#4]                    /* 取 newTask 的 TCB 的第 2 个元素,即 taskStatus * /
        mov r8,#OS_TASKSTATUS_RUNNING //0x0010
        orr r7,r7,r8                       /* 与运算 * /
        strh r7,[r0,#4]                    /* 写入新的状态 * /

        ldr rl, [r0]                       /* 加载 newTask 的 TCB 的第 1 个元素,即将栈顶指针加载到 R1 * /
        vldmia rll, {d8 - d15}             /* 向量寄存器 D8 - D15 出栈 * /
        ldmfd r1!,{r4 - rl2}               /* R4 - R12 出栈 * /
        msr psp,rl                         /* 将 PSP 赋值为 newTask 栈顶指针 * /

        msr  PRIMASK,r12
        bx lr
        .fend
```

先用一个流程图梳理上面两段代码的过程,如图 3-6 所示。

总体来讲,Task 切换的过程包含两部分,一部分是修改 SP 指针;另一部分是对进程上下文的入栈和出栈。

3.2.7　接口说明

OpenHarmony LiteOS-M 内核的任务管理模块提供了下面几种功能,如表 3-5 所示,接口详细信息可以查看 API 参考。

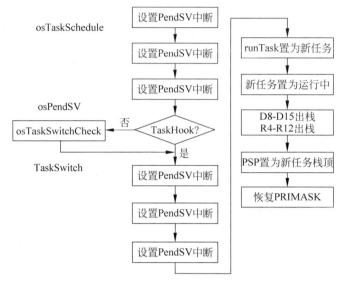

图 3-6 LiteOS-M 的 Task 切换过程

表 3-5   任务管理接口信息

功 能 分 类	接 口 名	描　　　述
创建和删除任务	LOS_TaskCreateOnly	创建任务,并使该任务进入 suspend 状态,不对该任务进行调度。如果需要调度,则可以调用 LOS_TaskResume 使该任务进入 ready 状态
	LOS_TaskCreate	创建任务,并使该任务进入 ready 状态,如果就绪队列中没有更高优先级的任务,则运行该任务
	LOS_TaskDelete	删除指定的任务
控制任务状态	LOS_TaskResume	恢复挂起的任务,使该任务进入 ready 状态
	LOS_TaskSuspend	挂起指定的任务,然后切换任务
	LOS_TaskJoin	挂起当前任务,等待指定任务运行结束,回收其任务控制块资源
	LOS_TaskDetach	将任务的 joinable 属性修改为 detach 属性,detach 属性的任务运行结束会自动回收任务控制块资源
	LOS_TaskDelay	任务延时等待,释放 CPU,等待时间到期后该任务会重新进入 ready 状态。传入参数为 Tick 数目
	LOS_Msleep	传入参数为毫秒数,转换为 Tick 数目,调用 LOS_TaskDelay
	LOS_TaskYield	将当前任务时间片设置为 0,释放 CPU,触发调度运行就绪队列中优先级最高的任务
控制任务调度	LOS_TaskLock	锁任务调度,但任务仍可被中断打断
	LOS_TaskUnlock	解锁任务调度
	LOS_Schedule	触发任务调度
控制任务优先级	LOS_CurTaskPriSet	设置当前任务的优先级
	LOS_TaskPriSet	设置指定任务的优先级
	LOS_TaskPriGet	获取指定任务的优先级

续表

功能分类	接 口 名	描 述
获取任务信息	LOS_CurTaskIDGet	获取当前任务的 ID
	LOS_NextTaskIDGet	获取任务就绪队列中优先级最高的任务的 ID
	LOS_NewTaskIDGet	等同 LOS_NextTaskIDGet
	LOS_CurTaskNameGet	获取当前任务的名称
	LOS_TaskNameGet	获取指定任务的名称
	LOS_TaskStatusGet	获取指定任务的状态
	LOS_TaskInfoGet	获取指定任务的信息,包括任务状态、优先级、任务栈大小、栈顶指针 SP、任务入口函数、已使用的任务栈大小等
	LOS_TaskIsRunning	获取任务模块是否已经开始调度运行
任务信息维测	LOS_TaskSwitchInfoGet	获取任务切换信息,需要开启宏 LOSCFG_BASE_CORE_EXC_TSK_SWITCH
回收任务栈资源	LOS_TaskResRecycle	回收所有待回收的任务栈资源

本实例介绍基本的任务操作方法,包含两个不同优先级任务的创建、任务延时、任务锁与解锁调度、挂起和恢复等操作,阐述任务优先级调度的机制及各接口的应用,代码如下:

```
//第 3 章/task.c
UINT32g_taskHiId;
UINT32g_taskLoId;
#defineTSK_PRIOR_HI4
#defineTSK_PRIOR_LO5

UINT32Example_TaskHi(VOID)
{
    UINT32ret;

    printf("EnterTaskHiHandler.\n");

    /* 延时 100 个 Tick,延时后该任务会被挂起,执行剩余任务中最高优先级的任务(TaskLo 任务) */
    ret = LOS_TaskDelay(100);
    if (ret != LOS_OK)
    {
        printf("DelayTaskHiFailed.\n");
        returnLOS_NOK;
    }

    /* 100 个 Tick 时间到了后,该任务恢复,继续执行 */
    printf("TaskHiLOS_TaskDelayDone.\n");

    /* 挂起自身任务 */
    ret = LOS_TaskSuspend(g_taskHiId);
    if (ret != LOS_OK)
    {
        printf("SuspendTaskHiFailed.\n");
        returnLOS_NOK;
    }
```

```
        printf("TaskHiLOS_TaskResumeSuccess.\n");
        return ret;
}

/* 低优先级任务入口函数 */
UINT32Example_TaskLo(VOID)
{
    UINT32ret;

    printf("EnterTaskLoHandler.\n");

    /* 延时 100 个 Tick,延时后该任务会被挂起,执行剩余任务中最高优先级的任务 */
    ret = LOS_TaskDelay(100);
    if (ret != LOS_OK)
    {
        printf("DelayTaskLoFailed.\n");
        returnLOS_NOK;
    }

    printf("TaskHiLOS_TaskSuspendSuccess.\n");

    /* 恢复被挂起的任务 g_taskHiId */
    ret = LOS_TaskResume(g_taskHiId);
    if (ret != LOS_OK)
    {
        printf("ResumeTaskHiFailed.\n");
        returnLOS_NOK;
    }
    return ret;
}

/* 任务测试入口函数,创建两个不同优先级的任务 */
UINT32Example_TaskCaseEntry(VOID)
{
    UINT32ret;
    TSK_INIT_PARAM_SinitParam;

    /* 锁任务调度,防止新创建的任务比本任务高而发生调度 */
    LOS_TaskLock();

    printf("LOS_TaskLock()Success!\n");

    initParam.pfnTaskEntry = (TSK_ENTRY_FUNC)Example_TaskHi;
    initParam.usTaskPrio = TSK_PRIOR_HI;
    initParam.pcName = "TaskHi";
    initParam.uwStackSize = LOSCFG_BASE_CORE_TSK_DEFAULT_STACK_SIZE;
    initParam.uwResved = 0; /* detach 属性 */

    /* 创建高优先级任务,由于锁任务调度,所以任务创建成功后不会马上执行 */
    ret = LOS_TaskCreate(&g_taskHiId, &initParam);
    if (ret != LOS_OK)
    {
```

```
        LOS_TaskUnlock();

        printf("Example_TaskHicreateFailed!\n");
        returnLOS_NOK;
    }

    printf("Example_TaskHicreateSuccess!\n");

    initParam.pfnTaskEntry = (TSK_ENTRY_FUNC)Example_TaskLo;
    initParam.usTaskPrio = TSK_PRIOR_LO;
    initParam.pcName = "TaskLo";
    initParam.uwStackSize = LOSCFG_BASE_CORE_TSK_DEFAULT_STACK_SIZE;

    /* 创建低优先级任务,由于锁任务调度,所以任务创建成功后不会马上执行 */
    ret = LOS_TaskCreate(&g_taskLoId, &initParam);
    if (ret != LOS_OK)
    {
        LOS_TaskUnlock();
        printf("Example_TaskLocreateFailed!\n");
        returnLOS_NOK;
    }

    printf("Example_TaskLocreateSuccess!\n");

    /* 解锁任务调度,此时会发生任务调度,执行就绪队列中最高优先级任务 */
    LOS_TaskUnlock();
    ret = LOS_TaskJoin(g_taskHiId, NULL);
    if (ret != LOS_OK)
    {
        printf("JoinExample_TaskHiFailed!\n");
    }
    else
    {
        printf("JoinExample_TaskHiSuccess!\n");
    }
    returnLOS_OK;
}
```

运行结果如下:

```
LOS_TaskLock()Success!
Example_TaskHicreateSuccess!
Example_TaskLocreateSuccess!
EnterTaskHiHandler.
EnterTaskLoHandler.
TaskHiLOS_TaskDelayDone.
TaskHiLOS_TaskSuspendSuccess.
TaskHiLOS_TaskResumeSuccess.
JoinExample_TaskHiSuccess!
```

3.3 内存管理

内存管理模块管理着系统的内存资源,它是操作系统的核心模块之一,主要包括内存的初始化、分配及释放。

在系统运行过程中,内存管理模块通过对内存的申请/释放来管理用户和 OS 对内存的使用,使内存的利用率和使用效率达到最优,同时最大限度地解决系统的内存碎片问题。

OpenHarmony LiteOS-M 的内存管理分为静态内存管理和动态内存管理,提供内存初始化、分配、释放等功能。

(1) 动态内存:在动态内存池中分配用户指定大小的内存块。优点:按需分配;缺点:内存池中可能出现碎片。

(2) 静态内存:在静态内存池中分配用户初始化时预设(固定)大小的内存块。优点:分配和释放效率高,静态内存池中无碎片;缺点:只能申请到初始化预设大小的内存块,不能按需申请。

3.3.1　静态内存

当用户需要使用固定长度的内存时,可以通过静态内存分配的方式获取,一旦使用完毕,静态内存释放函数将归还所占用内存,使之可以重复使用。

1. 运行机制

静态内存实际上是一个静态数组,静态内存池内的块大小在初始化时设定,初始化后块大小不可变更。

静态内存池由一个控制块 LOS_MEMBOX_INFO 和若干相同大小的内存块 LOS_MEMBOX_NODE 构成。控制块位于内存池头部,用于内存块管理,包含内存块大小 uwBlkSize、内存块数量 uwBlkNum、已分配使用的内存块数量 uwBlkCnt 和空闲内存块链表 stFreeList。内存块的申请和释放以块的大小为粒度,每个内存块包含指向下一个内存块的指针 pstNext。静态内存示意图如图 3-7 所示。

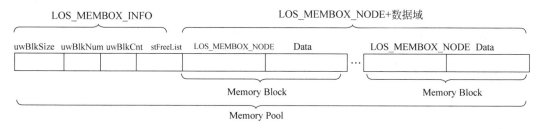

图 3-7　静态内存示意图

MemoryBox 由一个控制块和若干相同大小的内存块构成。控制块位于内存池头部,用于内存块管理。内存块的申请和释放以块的大小为粒度。

控制块的定义如下:

```
typedef struct tagMemBoxCB{
    UINT32 uwMaxBlk;
    UINT32 uwBlkCnt;
    UINT32 uwBlkSize; /* Memory block size */
}OS_MEMBOX_S
```

2．接口说明

OpenHarmony LiteOS-M 的静态内存管理主要为用户提供以下功能，如表 3-6 所示，接口详细信息可以查看 API 参考。

表 3-6 接口信息

功 能 分 类	接 口 名
初始化静态内存池	LOS_MemboxInit：初始化一个静态内存池，根据入参设定起始地址、总大小及每个内存块大小
清除静态内存块内容	LOS_MemboxClr：将静态内存池中申请的静态内存块的内容清零
申请、释放静态内存	LOS_MemboxAlloc：从指定的静态内存池中申请一个静态内存块 LOS_MemboxFree：释放从静态内存池中申请的一个静态内存块
获取、打印静态内存池信息	LOS_MemboxStatisticsGet：获取指定静态内存池的信息，包括内存池中总内存块数量、已经分配出去的内存块数量、每个内存块的大小 LOS_ShowBox：打印指定静态内存池所有节点信息，打印等级是 LOG_INFO_LEVEL（当前打印等级配置是 PRINT_LEVEL），包括内存池起始地址、内存块大小、总内存块数量、每个空闲内存块的起始地址、所有内存块的起始地址
初始化静态内存池	LOS_MemboxInit：初始化一个静态内存池，根据入参设定起始地址、总大小及每个内存块大小

利用上述接口可实现以下功能：①初始化一个静态内存池；②从静态内存池中申请一个静态内存；③在内存块中存放数据；④打印出内存块中的数据；⑤清除内存块中的数据；⑥释放该内存块，示例代码如下：

```
//第3章/Statictask.c
#include "los_membox.h"
VOID Example_StaticMem(VOID)
{
    UINT 32 * mem = NULL;
    UINT 32blkSize = 10;
    UINT 32boxSize = 100;
    UINT 32boxMem[1000];
    UINT32 ret;
    /*初始化内存池*/
    ret = LOS_MemboxInit(&boxMem[0], boxSize, blkSize);
    if (ret != LOS_OK)
    {
        printf("Memboxinitfailed!\n");
        return;
    }
    else
    {
        printf("Memboxinitsuccess!\n");
    }
    /*申请内存块*/
    mem = (UINT32 *)LOS_MemboxAlloc(boxMem);
    if (NULL == mem)
    {
        printf("Memallocfailed!\n");
```

```
        return;
    }
    printf("Memallocsuccess!\n");
    /* 赋值 */
    * mem = 828;
    printf(" * mem = % d\n", * mem);
    /* 清除内存内容 */
    LOS_MemboxClr(boxMem, mem);
    printf("Memclearsuccess\n * mem = % d\n", * mem);
    /* 释放内存 */
    ret = LOS_MemboxFree(boxMem, mem);
    if (LOS_OK == ret)
    {
        printf("Memfreesuccess!\n");
    }
    else
    {
        printf("Memfreefailed!\n");
    }
    return;
}
```

运行结果如下:

```
Memboxinitsuccess !
Memallocsuccess !
 * mem = 828 Memclearsuccess
 * mem = 0 Memfreesuccess !
Memboxinitsuccess !
Memallocsuccess !
 * mem = 828 Memclearsuccess
 * mem = 0 Memfreesuccess !
```

3.3.2 动态内存

动态内存管理的主要工作是动态分配并管理用户申请到的内存区间。动态内存管理主要用于用户需要使用大小不等的内存块的场景,当用户需要使用内存时,可以通过操作系统的动态内存申请函数索取指定大小的内存块,一旦使用完毕,动态内存释放函数将归还所占用内存,使之可以重复使用。

1. 运行机制

动态内存管理,即在内存资源充足的情况下,根据用户需求,从系统配置的一个比较大的连续内存(内存池,也称堆内存)中分配任意大小的内存块。当用户不需要该内存块时,又可以释放回系统以供下一次使用。与静态内存相比,动态内存管理的优点是按需分配,缺点是内存池中容易出现碎片。

OpenHarmony LiteOS-M 动态内存在 TLSF 算法的基础上,对区间的划分进行了优化,获得了更优的性能,降低了碎片率。动态内存核心算法如图 3-8 所示。

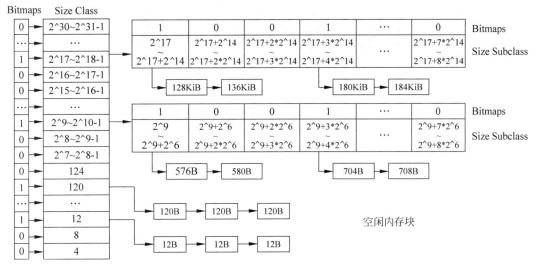

图 3-8 动态内存核心算法

根据空闲内存块的大小,使用多个空闲链表来管理内存。根据内存空闲块大小可分为两部分:[4,127]和[2^7,2^{31}],如图中 Size Class 所示。

对[4,127]区间的内存进行等分,如图中下半部分所示,分为 31 个小区间,每个小区间对应的内存块大小为 4 字节的倍数。每个小区间对应一个空闲内存链表和用于标记对应空闲内存链表是否为空的一个比特位,当值为 1 时,空闲链表非空。[4,127]区间的 31 个小区间内存对应 31 比特位进行标记链表是否为空。

大于 127 字节的空闲内存块,按照 2 的次幂区间大小进行空闲链表管理。总共分为 24 个小区间,每个小区间又等分为 8 个二级小区间,如图上半部分的 Size Class 和 Size Subclass 部分。每个二级小区间对应一个空闲链表和用于标记对应空闲内存链表是否为空的一个比特位。总共 24×8=192 个二级小区间,对应 192 个空闲链表和 192 比特位进行标记链表是否为空。

例如,当有 40 字节的空闲内存需要插入空闲链表时,对应小区间[40,43],第 10 个空闲链表,位图标记的第 10 比特位。把 40 字节的空闲内存挂载到第 10 个空闲链表上,并判断是否需要更新位图标记。当需要申请 40 字节的内存时,根据位图标记获取存在满足申请大小的内存块的空闲链表,从空闲链表上获取空闲内存节点。如果分配的节点大于需要申请的内存大小,则进行分割节点操作,剩余的节点会被重新挂载到相应的空闲链表上。当有 580 字节的空闲内存需要插入空闲链表时,对应二级小区间[2^9,2^9,2^6],第 31+2×8=47 个空闲链表,并使用位图的第 47 比特位来标记链表是否为空。把 580 字节的空闲内存挂载到第 47 个空闲链表上,并判断是否需要更新位图标记。当需要申请 580 字节的内存时,根据位图标记获取存在满足申请大小的内存块的空闲链表,从空闲链表上获取空闲内存节点。如果分配的节点大于需要申请的内存大小,则进行分割节点操作,剩余的节点会被重新挂载到相应的空闲链表上。如果对应的空闲链表为空,则向更大的内存区间查询是否有满足条件的空闲链表,在实际计算时会一次性查找到满足申请大小的空闲链表。

内存管理结构如图 3-9 所示。

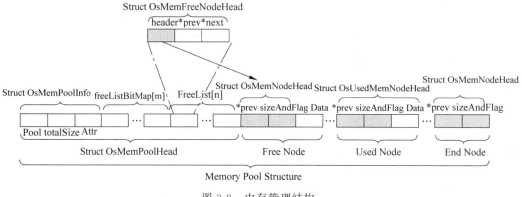

图 3-9　内存管理结构

内存池池头部分包含内存池信息、位图标记数组和空闲链表数组。内存池信息包含内存池起始地址及堆区域总大小、内存池属性。位图标记数组由 7 个 32 位无符号整数组成,每个比特位用于标记对应的空闲链表是否挂载空闲内存块节点。空闲内存链表包含 223 个空闲内存头节点信息,每个空闲内存头节点信息维护着内存节点头和空闲链表中的前驱、后继空闲内存节点。

内存池节点部分包含 3 种类型节点:未使用空闲内存节点、已使用内存节点和尾节点。每个内存节点维护着一个前序指针,指向内存池中上一个内存节点,并维护内存节点的大小和使用标记。未使用空闲内存节点和已使用内存节点后面的内存区域是数据域,尾节点没有数据域。

一些芯片片内 RAM 的大小无法满足要求,需要使用片外物理内存进行扩充。对于这样的多段非连续性内存,LiteOS-M 内核支持把多个非连续性内存在逻辑上合一,用户不感知底层的多段非连续性内存区域。LiteOS-M 内核内存模块把不连续的内存区域作为空闲内存节点插入空闲内存节点链表,把不同内存区域间的不连续部分标记为虚拟的已使用内存节点,从逻辑上把多个非连续性内存区域实现为一个统一的内存池。多段非连续性内存的运行机制原理如图 3-10 所示。

将非连续性内存合并为一个统一的内存池的步骤如下:

(1) 把多段非连续性内存区域的第一块内存区域通过调用 LOS_MemInit 接口进行初始化。

(2) 获取下一个内存区域的开始地址和长度,计算该内存区域和上一块内存区域的间隔大小 gapSize。

(3) 把内存区域间隔部分视为虚拟的已使用节点,使用上一个内存区域的尾节点,将其大小设置为 gapSize+OS_MEM_NODE_HEAD_SIZE。

(4) 把当前内存区域划分为一个空闲内存节点和一个尾节点,把空闲内存节点插入空闲链表,并设置各个节点的前后链接关系。

(5) 如果有更多的非连续内存区域,则重复上述步骤(2)~(4)。

2. 接口说明

OpenHarmony LiteOS-M 的动态内存管理主要为用户提供以下功能,如表 3-7 所示,接口详细信息可以查看 API 参考。

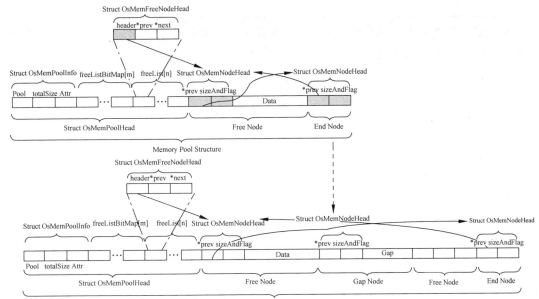

图 3-10 多段非连续性内存的运行机制原理

表 3-7 动态内存管理接口信息

功 能 分 类	接 口 描 述
初始化和删除内存池	LOS_MemInit:初始化一个指定的动态内存池,大小为 size LOS_MemDeInit:删除指定内存池,仅打开编译控制开关 LOSCFG_MEM_MUL_POOL 时有效
申请、释放动态内存	LOS_MemAlloc:从指定动态内存池中申请 size 长度的内存 LOS_MemFree:释放从指定动态内存中申请的内存 LOS_MemRealloc:释放从指定动态内存中申请的内存
获取内存池信息	LOS_MemPoolSizeGet:获取指定动态内存池的总大小 LOS_MemTotalUsedGet:获取指定动态内存池的总使用量大小 LOS_MemInfoGet:获取指定内存池的内存结构信息,包括空闲内存大小、已使用内存大小、空闲内存块数量、已使用的内存块数量、最大的空闲内存块大小 LOS_MemPoolList:打印系统中已初始化的所有内存池,包括内存池的起始地址、内存池大小、空闲内存总大小、已使用内存总大小、最大的空闲内存块大小、空闲内存块数量、已使用的内存块数量。仅打开编译控制开关 LOSCFG_MEM_MUL_POOL 时有效
获取内存块信息	LOS_MemFreeNodeShow:打印指定内存池空闲内存块的大小及数量 LOS_MemUsedNodeShow:打印指定内存池已使用内存块的大小及数量
检查指定内存池的完整性	LOS_MemIntegrityCheck:对指定内存池做完整性检查,仅打开编译控制开关 LOSCFG_BASE_MEM_NODE_INTEGRITY_CHECK 时有效
增加非连续性内存区域	LOS_MemRegionsAdd:支持多段非连续性内存区域,把非连续性内存区域在逻辑上整合为一个统一的内存池。仅打开 LOSCFG_MEM_MUL_REGIONS 时有效。如果内存池指针参数 pool 为空,则使用多段内存的第 1 个初始化内存区域为内存池,其他内存区域作为空闲节点插入;如果内存池指针参数 pool 不为空,则把多段内存作为空闲节点,插入指定的内存池

💡 **注意**：由于动态内存管理需要通过管理控制块数据结构来管理内存，这些数据结构会额外消耗内存，故实际用户可使用内存总量小于配置项 OS_SYS_MEM_SIZE 的大小。

对齐分配内存接口 LOS_MemAllocAlign/LOS_MemMallocAlign 因为要进行地址对齐，可能会额外消耗部分内存，故存在一些遗失内存，当系统释放该对齐内存时会同时回收由于对齐导致的遗失内存。

非连续性内存区域接口 LOS_MemRegionsAdd 的 LosMemRegion 数组参数传入的非连续性内存区域需要按各个内存区域的内存开始地址升序排序，并且内存区域不能重叠。

利用上述接口实现以下功能：①初始化一个动态内存池；②从动态内存池中申请一个内存块；③在内存块中存放数据；④打印出内存块中的数据；⑤释放该内存块。

示例代码如下：

```c
//第 3 章/Example_DynMem.c
# include "los_memory.h"
# define TEST_POOL_SIZE(2 * 1024)
__attribute__((aligned(4))) UINT8g_testPool[TEST_POOL_SIZE];
VOID Example_DynMem(VOID)
{
    UINT32 * mem = NULL;
    UINT32 ret;
    /* 初始化内存池 */
    ret = LOS_MemInit(g_testPool, TEST_POOL_SIZE);
    if (LOS_OK == ret)
    {
        printf("Meminitsuccess!\n");
    }
    else
    {
        printf("Meminitfailed!\n");
        return;
    }
    /* 分配内存 */
    mem = (UINT32 *)LOS_MemAlloc(g_testPool, 4);
    if (NULL == mem)
    {
        printf("Memallocfailed!\n");
        return;
    }
    printf("Memallocsuccess!\n");
    /* 赋值 */
    * mem = 828;
    printf(" * mem = % d\n", * mem);
    /* 释放内存 */
    ret = LOS_MemFree(g_testPool, mem);
    if (LOS_OK == ret)
    {
```

```
        printf("Memfreesuccess!\n");
    }
    else
    {
        printf("Memfreefailed!\n");
    }
    return
}
```

运行结果如下:

```
Meminitsuccess!
Memallocsuccess!
 * mem = 828
Memfreesuccess!
```

3.4 内核通信机制

内核间的通信方式有事件、互斥锁、消息队列和信号量。

3.4.1 事件

事件(Event)是一种任务间的通信机制,可用于任务间的同步操作,但事件通信只能是事件类型的通信,无数据传输。

一个任务可以跟踪多个事件,可以在任意一个事件发生时唤醒任务以进行事件处理,也可以在几个事件都发生后才唤醒任务,以便进行事件处理。

事件的特点是多次向任务发送同一事件类型,等效于只发送一次;允许多个任务对同一事件进行读写操作;支持事件读写超时机制。

事件集合用 32 位无符号整型变量表示,其中每位表示一种事件类型(0 表示该事件类型未发生;1 表示该事件类型已经发生),一共 31 种事件类型(第 25 位保留)。

内核提供了事件初始化、事件读写、事件清零、事件销毁等接口。

1. 运行机制

事件初始化函数是配置的一个结构体,在事件读写等操作时作为参数传入,用于标识不同的事件,事件控制块的数据结构如下:

```
typedef struct tagEvent
{
    UINT32 uwEventID;               / * 事件定义掩码,每位代表一个事件 * /
    LOS DL LIST stEventList;        / * 事件控制块双向链表 * /
} EVENT_CB_S * PEVENT_CB_S;
```

轻量系统事件的运行原理如图 3-11 所示。

轻量系统事件运行原理的相关概念解释如下。

(1)事件初始化:创建一个事件控制块,该控制块维护着一个已处理的事件集合,以及等待特定事件的任务链表。

(2)写事件:向事件控制块写入指定的事件,事件控制块会更新事件集合,并遍历任务链

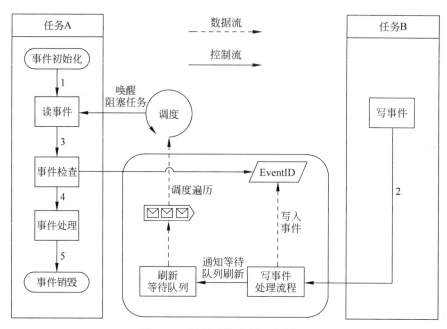

图 3-11　轻量系统事件运行原理

表,根据任务等待的具体条件满足情况决定是否唤醒相关任务。

(3)读事件:如果读取的事件已存在,则直接同步返回。其他情况会根据超时时间及事件触发情况决定返回时机:等待的事件条件在超时时间耗尽之前到达,阻塞任务会被直接唤醒,否则只有超时时间耗尽该任务才会被唤醒。

(4)读事件条件满足与否取决于入参 eventMask 和 mode,eventMask 是需要关注的事件类型掩码。mode 是具体处理方式,分以下 3 种情况。

① LOS_WAITMODE_AND:逻辑与,基于接口传入的事件类型掩码 eventMask,只有这些事件都已经发生才能读取成功,否则该任务将阻塞等待或者返回错误码。

② LOS_WAITMODE_OR:逻辑或,基于接口传入的事件类型掩码 eventMask,只要这些事件中有任一种事件发生就可以读取成功,否则该任务将阻塞等待或者返回错误码。

③ LOS_WAITMODE_CLR:一种附加读取模式,需要与所有事件模式或任一事件模式结合使用(LOS_WAITMODE_AND|LOS_WAITMODE_CLR 或 LOS_WAITMODE_OR|LOS_WAITMODE_CLR)。在这种模式下,当设置的所有事件模式或任一事件模式读取成功后会自动清除事件控制块中对应的事件类型位。

(5)事件清除:根据指定掩码对事件控制块的事件集合进行清除操作。当掩码为 0 时,表示将事件集合全部清除;当掩码为 0xffff 时,表示不清除任何事件,保持事件集合原状。

(6)事件销毁:销毁指定的事件控制块。

2. 接口说明

内存管理事件接口如表 3-8 所示。

表 3-8 内存管理事件接口

功能分类	接口名	描述
事件检测	LOS_EventPoll	根据 eventID、eventMask(事件掩码)和 mode(事件读取模式)检查用户期待的事件是否发生
初始化	LOS_EventInit	事件控制块初始化
读事件	LOS_EventRead	任务会根据 timeOut(单位:Tick)进行阻塞等待,当未读取到事件时,返回值为 0;当正常读取到事件时,返回正值(事件发生的集合);其他情况返回特定错误码
写事件	LOS_EventWrite	将一个特定的事件写到事件控制块
事件清除	LOS_EventClear	根据 events 掩码,清除事件控制块中的事件
事件销毁	LOS_EventDestroy	事件控制块销毁

利用上述接口实现如下功能:①在任务 Example_TaskEntry 中创建任务 Example_Event,其中任务 Example_Event 的优先级高于 Example_TaskEntry;②在任务 Example_Event 中读事件 0x00000001,如果阻塞或发生任务切换,则执行任务 Example_TaskEntry;③在任务 Example_TaskEntry 中向任务 Example_Event 写事件 0x00000001,如果发生任务切换,则执行任务 Example_Event;④Example_Event 得以执行,直到任务结束;⑤Example_TaskEntry 得以执行,直到任务结束,代码如下:

```c
//第 3 章/Example_Event.c
# include "los_event.h"
# include "los_task.h"
# include "securec.h"
/* 任务 ID */
UINT32g_testTaskId;
/* 事件控制结构体 */
EVENT_CB_Sg_exampleEvent;
/* 等待的事件类型 */
# defineEVENT_WAIT0x00000001
/* 用例任务入口函数 */
VOID Example_Event(VOID)
{
    UINT32ret;
    UINT32event;
    /* 以超时等待方式读事件,超时时间为 100 Tick,若 100 Tick 后未读取到指定事件,则读事件超时,
任务直接唤醒 */
    printf("Example_Eventwaitevent0x%x\n", EVENT_WAIT);
    event = LOS_EventRead(&g_exampleEvent, EVENT_WAIT, LOS_WAITMODE_AND, 100);
    if (event == EVENT_WAIT)
    {
        printf("Example_Event,readevent:0x%x\n", event);
    }
    else
    {
        printf("Example_Event,readeventtimeout\n");
    }
}
UINT32Example_TaskEntry(VOID)
```

```
{
    UINT32ret;
    TSK_INIT_PARAM_Stask1;
    /* 事件初始化 */
    ret = LOS_EventInit(&g_exampleEvent);
     if (ret != LOS_OK)
    {
        printf("initeventfailed. \n");
        return -1;
    }
    /* 创建任务 */
    (VOID) memset_s(&task1, sizeof(TSK_INIT_PARAM_S), 0, sizeof(TSK_INIT_PARAM_S));
    task1.pfnTaskEntry = (TSK_ENTRY_FUNC)Example_Event;
    task1.pcName = "EventTask1";
    task1.uwStackSize = OS_TSK_DEFAULT_STACK_SIZE;
    task1.usTaskPrio = 5;
    ret = LOS_TaskCreate(&g_testTaskId, &task1);
    if (ret != LOS_OK)
    {
        printf("taskcreatefailed. \n");
        returnLOS_NOK;
    }
    /* 写 g_testTaskId 等待事件 */
    printf("Example_TaskEntrywriteevent. \n");
    ret = LOS_EventWrite(&g_exampleEvent, EVENT_WAIT);
    if (ret != LOS_OK)
    {
        printf("eventwritefailed. \n");
        returnLOS_NOK;
    }
    /* 清除标志位 */
    printf("EventMask: % d\n", g_exampleEvent. uwEventID);
    LOS_EventClear(&g_exampleEvent, ~g_exampleEvent. uwEventID);
    printf("EventMask: % d\n", g_exampleEvent. uwEventID);
    /* 删除任务 */
    ret = LOS_TaskDelete(g_testTaskId);
    if (ret != LOS_OK)
    {
        printf("taskdeletefailed. \n");
        returnLOS_NOK;
    }
    returnLOS_OK;
}
```

其中，任务 Example_TaskEntry 用于创建一个任务 Example_Event，Example_Event 用于读事件阻塞，Example_TaskEntry 用于向该任务写事件。可以通过示例日志中打印的先后顺序理解事件操作时伴随的任务切换。

运行结果如下：

```
Example_Eventwaitevent0x1
Example_TaskEntrywriteevent.
Example_Event, readevent:0x1
```

```
EventMask:1
EventMask:0
```

3.4.2 互斥锁

互斥锁又称互斥型信号量,是一种特殊的二值性信号量,用于实现对共享资源的独占式处理。在操作系统中,互斥锁是一种同步机制,用于在有许多执行线程的环境中强制限制对资源的访问。锁被用来执行互斥并发控制策略。

任意时刻互斥锁的状态只有两种,即开锁或闭锁。当有任务持有时,互斥锁处于闭锁状态,这个任务获得该互斥锁的所有权。当该任务释放它时,互斥锁被开锁,任务失去该互斥锁的所有权。当一个任务持有互斥锁时,其他任务将不能再对该互斥锁进行开锁或持有。

多任务环境下往往存在多个任务竞争同一共享资源的应用场景,互斥锁可被用于对共享资源的保护,从而实现独占式访问。另外,互斥锁可以解决信号量存在的优先级翻转问题。

1. 运行机制

多任务环境下会存在多个任务访问同一公共资源的场景,而有些公共资源是非共享的,需要任务进行独占式处理。互斥锁怎样来避免这种冲突呢?

用互斥锁处理非共享资源的同步访问时,如果有任务访问该资源,则互斥锁为加锁状态。此时其他任务如果想访问这个公共资源,则会被阻塞,直到互斥锁被持有该锁的任务释放后,其他任务才能重新访问该公共资源,此时互斥锁再次上锁。如此确保同一时刻只有一个任务正在访问这个公共资源,从而保证了公共资源操作的完整性。轻量系统互斥锁运行原理如图 3-12 所示。

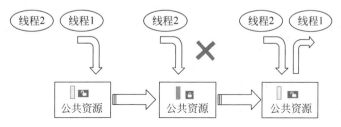

线程1访问公共资源,　　　　　　线程1释放互斥锁,
互斥锁上锁,线程2被挂起　　此时线程2才能访问公共资源

图 3-12 轻量系统互斥锁运行原理

互斥量的控制块定义如下:

```
typedef struct
{
    UINT8 muxState;                     /** 互斥量的使用状态(使用/未使用) */
    UINT16 muxCount;                    /** 互斥量的使用次数 */
    UINT32 muxID;                       /** 互斥量的句柄 */
    LOS DL LISTmuxList;                 /** 互斥量的双向链表 */
    LosTaskCB * owner;                  /** 互斥量的持有者指针 */
    UINT16 priority;                    /** 持有互斥量的线程的优先级 */
}LosMuxCB;
```

比较有趣的地方是,首先 LiteOS 的互斥量是可以嵌套的,即一个互斥量可以多次持有;其次 LiteOS 的互斥量是可以有优先级的,其优先级来自持有 Task 的优先级。为什么这里提到了互斥量优先级的概念呢?这是由互斥量导致的优先级翻转所引起的。互斥量导致优先级翻转的示意图如图 3-13 所示。

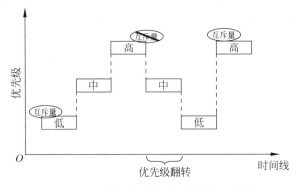

图 3-13　互斥量导致优先级翻转的示意图

如图 3-13 所示,其中有优先级为高、中、低的 3 个 Task,当高优先级 Task 和低优先级 Task 使用同一个互斥量时,运行的时序如下:

(1) 低优先级 Task 优先一步持有了互斥量。

(2) 高优先级 Task 进入执行时,尝试持有互斥量,由于其正在被低优先级 Task 使用,因此高优先级 Task 被挂起。

(3) 此时中优先级 Task 被转换为就绪态,开始执行。

(4) 由于中优先级 Task 比低优先级 Task 权限高,因此中优先级 Task 开始运行,直到其运行完毕低优先级 Task 才开始运行。

(5) 低优先级 Task 执行完毕,释放互斥量,高优先级 Task 才得以执行。

(6) 在这种情况下,优先级发生了翻转,中优先级 Task 先于高优先级 Task 运行。

为了解决这个优先级翻转的问题,必须设计一套互斥量的优先级机制。OpenHarmony 优先级的选择方式定义如下:

```
enum
{
    LOS_MUX_PRIO_NONE = 0;              /**无优先级*/
    LOS_MUX_PRIO_INHERIT = 1;           /**优先级继承*/
    LOS_MUX_PRIO_PROTECT = 2;           /**优先级保护*/
};
```

在优先级继承方案中,互斥量持有者继承最高优先级的阻塞 Task 的优先级。当高优先级 Task 尝试持有互斥量但无法获得时,互斥量所有者会临时被赋予被阻止 Task 的优先级。释放互斥量时它将恢复其原始优先级。

在优先级保护方案中,每个互斥量都有一个优先级上限。当 Task 拥有互斥量时,如果互斥量的最高优先级高于 Task 自己的优先级,则 Task 会临时接受互斥量优先级的上限;当解锁互斥量时,它将恢复其原始优先级。互斥量的优先级上限应具有所有可能锁定互斥量的

Task 的最高优先级值,否则可能会发生优先级倒置,甚至死锁。

两种协议都提升了拥有特定互斥量的 Task 的优先级,因此可以保证该 Task 尽快完成并释放互斥量。此外,正确使用互斥协议可以防止相互死锁。LiteOS 支持互斥量级别的优先级协议设置,即把不同的互斥量协议分配给不同的互斥量。

优先级协议的默认值为 LOS_MUX_PRIO_INHERIT,即优先级继承。

2. 接口信息

内核通信中互斥锁的接口信息如表 3-9 所示。

表 3-9 接口信息

功 能 分 类	名 称	接 口 描 述
互斥锁的创建	LOS_MuxCreate	创建互斥锁
互斥锁的删除	LOS_MuxDelete	删除互斥锁
互斥锁的申请	LOS_MuxPend	申请指定的互斥锁
互斥锁的释放	LOS_MuxPost	释放指定的互斥锁

申请互斥锁流程:①创建互斥锁(LOS_MuxCreate);②申请互斥锁(LOS_MuxPend)。

申请模式有 3 种:无阻塞模式、永久阻塞模式、定时阻塞模式。

(1)无阻塞模式:任务需要申请互斥锁,若该互斥锁当前没有任务被持有,或者持有该互斥锁的任务和申请该互斥锁的任务为同一个任务,则申请成功。

(2)永久阻塞模式:任务需要申请互斥锁,若该互斥锁当前没有被占用,则申请成功;否则该任务进入阻塞态,系统切换到就绪任务中优先级高者继续执行。任务进入阻塞态后,直到有其他任务释放该互斥锁,阻塞任务才会重新得以执行。

(3)定时阻塞模式:任务需要申请互斥锁,若该互斥锁当前没有被占用,则申请成功;否则该任务进入阻塞态,系统切换到就绪任务中优先级高者继续执行。任务进入阻塞态后,指定时间超时前有其他任务释放该互斥锁,或者只有用户指定时间超时后,阻塞任务才会重新得以执行。释放互斥锁(LOS_MuxPost),如果有任务阻塞于指定互斥锁,则唤醒被阻塞任务中优先级高的,该任务进入就绪态,并进行任务调度;如果没有任务阻塞于指定互斥锁,则互斥锁释放成功,删除互斥锁(LOS_MuxDelete)。

结合上述接口信息,通过实例实现以下功能:

(1)使用 Example_TaskEntry 创建一个互斥锁以实现锁任务调度,创建两个任务 Example_MutexTask1 和 Example_MutexTask2。Example_MutexTask2 的优先级高于 Example_MutexTask1,用于解锁任务调度。

(2)如果 Example_MutexTask2 被调度,则会以永久阻塞模式申请互斥锁,并会成功获取该互斥锁,然后任务休眠 100 Tick,Example_MutexTask2 被挂起,Example_MutexTask1 被唤醒。

(3)Example_MutexTask1 以定时阻塞模式申请互斥锁,等待时间为 10 Tick,因互斥锁仍被 Example_MutexTask2 持有,Example_MutexTask1 被挂起。10 Tick 超时时间到达后,Example_MutexTask1 被唤醒,以永久阻塞模式申请互斥锁,因互斥锁仍被 Example_MutexTask2 持有,所以 Example_MutexTask1 被挂起。

（4）100 Tick 休眠时间到达后，Example_MutexTask2 被唤醒，释放互斥锁，然后唤醒 Example_MutexTask1。Example_MutexTask1 成功获取互斥锁后释放，删除互斥锁。

示例代码如下：

```
//第3章/Example_MutexTask.c
# include < string.h>
# include "los_mux.h"
/* 互斥锁句柄 ID */
UINT32 g_testMux;
/* 任务 ID */
UINT32 g_testTaskId01;
UINT32 g_testTaskId02;
VOID Example_MutexTask1(VOID)
{
    UINT32 ret;
    printf("task1trytogetmutex,wait10ticks.\n");
    /* 申请互斥锁 */
    ret = LOS_MuxPend(g_testMux, 10);
    if (ret == LOS_OK)
    {
        printf("task1getmutexg_testMux.\n");
        /* 释放互斥锁 */
        LOS_MuxPost(g_testMux);
        return;
    }
    if (ret == LOS_ERRNO_MUX_TIMEOUT)
    {
        printf("task1timeoutandtrytogetmutex,waitforever.\n");
        /* 申请互斥锁 */
        ret = LOS_MuxPend(g_testMux, LOS_WAIT_FOREVER);
        if (ret == LOS_OK)
        {
            printf("task1waitforever,getmutexg_testMux.\n");
            /* 释放互斥锁 */
            LOS_MuxPost(g_testMux);
            /* 删除互斥锁 */
            LOS_MuxDelete(g_testMux);
            printf("task1postanddeletemutexg_testMux.\n");
            return;
        }
    }
    return;
}

VOID Example_MutexTask2(VOID)
{
    printf("task2trytogetmutex,waitforever.\n");
    /* 申请互斥锁 */
    (VOID) LOS_MuxPend(g_testMux, LOS_WAIT_FOREVER);
    printf("task2getmutexg_testMuxandsuspend100ticks.\n");
    /* 任务休眠 100 Tick */
    LOS_TaskDelay(100);
```

```
        printf("task2resumedandposttheg_testMux\n");
        /* 释放互斥锁 */
        LOS_MuxPost(g_testMux);
    return;
}

UINT32 Example_TaskEntry(VOID)
{
    UINT32 ret;
    TSK_INIT_PARAM_Stask1;
    TSK_INIT_PARAM_Stask2;
    /* 创建互斥锁 */
    LOS_MuxCreate(&g_testMux);
    /* 锁任务调度 */
    LOS_TaskLock();
    /* 创建任务 1 */
    memset(&task1, 0, sizeof(TSK_INIT_PARAM_S));
    task1.pfnTaskEntry = (TSK_ENTRY_FUNC)Example_MutexTask1;
    task1.pcName = "MutexTsk1";
    task1.uwStackSize = LOSCFG_BASE_CORE_TSK_DEFAULT_STACK_SIZE;
    task1.usTaskPrio = 5;
    ret = LOS_TaskCreate(&g_testTaskId01, &task1);
    if (ret != LOS_OK)
    {
        printf("task1createfailed.\n");
        return LOS_NOK;
    }
    /* 创建任务 2 */
    memset(&task2, 0, sizeof(TSK_INIT_PARAM_S));
    task2.pfnTaskEntry = (TSK_ENTRY_FUNC)Example_MutexTask2;
    task2.pcName = "MutexTsk2";
    task2.uwStackSize = LOSCFG_BASE_CORE_TSK_DEFAULT_STACK_SIZE;
    task2.usTaskPrio = 4;
    ret = LOS_TaskCreate(&g_testTaskId02, &task2);
    if (ret != LOS_OK)
    {
        printf("task2createfailed.\n");
        return LOS_NOK;
    }
    /* 解锁任务调度 */
    LOS_TaskUnlock();
    return LOS_OK;
}
```

运行结果如下：

```
task2 try to get mutex,wait forever.
task2 get mutex g_testMux and suspend 100 ticks.
task1 try to get mutex,wait 10 ticks.
task1 time out and try to get mutex,wait forever.
task2 resumed and post the g_testMux
task1 wait forever,get mutex g_testMux.
task1 post and delete mutex g_testMux.
```

3.4.3 消息队列

消息队列又称队列,是一种任务间通信的机制。消息队列接收来自任务或中断的不固定长度消息,并根据不同的接口确定传递的消息是否存放在队列空间中。

任务能够从队列里读取消息,当队列中的消息为空时,挂起读取任务;当队列中有新消息时,挂起的读取任务会被唤醒并处理新消息。任务也能够往队列里写入消息,当队列已经写满消息时会挂起写入任务;当队列中有空闲消息节点时,挂起的写入任务会被唤醒并写入消息。

可以通过调整读队列和写队列的超时时间来调整读写接口的阻塞模式,如果将读队列和写队列的超时时间设置为 0,则不会挂起任务,接口会直接返回,这就是非阻塞模式。反之,如果将读队列和写队列的超时时间设置为大于 0,则会以阻塞模式运行。

消息队列提供了异步处理机制,允许将一条消息放入队列,但不立即处理。同时队列还有缓冲消息的作用,可以使用队列实现任务异步通信,队列具有以下特性:

(1) 消息以先进先出的方式排队,支持异步读写。

(2) 读队列和写队列都支持超时机制。

(3) 每读取一条消息,就会将该消息节点设置为空闲。

(4) 发送消息类型由通信双方约定,可以允许不同长度(不超过队列的消息节点大小)的消息。

(5) 一个任务能够从任意一个消息队列接收和发送消息。

(6) 多个任务能够从同一个消息队列接收和发送消息。

(7) 创建普通队列时所需的队列空间由系统自行动态申请内存。

(8) 创建静态队列时所需的队列空间由用户传入。这块空间在队列删除后也由用户释放。

1. 运行机制

队列提供了一种跨 Task 的按照约定方式读写数据的机制,队列有头有尾,常用于读写不同步的消息传递。

LiteOS 的队列控制块的定义如下:

```
//第 3 章/queue.h
typedef struct
{
    UINT8 * queue;                                    /* 队列消息内存空间的指针 */
    UINT8 * queueName                                 /* 队列名称 */
        UINT16 queueState;                            /* 队列状态 */
    UINT16 queueLen;                                  /* 队列中消息节点个数,即队列长度 */
    UINT16 queueSize;                                 /* 消息节点大小 */
    UINT16 queueID;                                   /* 队列 ID */
    UINT16 queueHead;                                 /* 消息头节点位置(数组下标) */
    UINT16 queueTail;                                 /* 消息尾节点位置(数组下标) */
    UINT16 readWriteableCnt[OS_READWRITE_LEN];        /* 数组下标为 0 的元素表示队列中可读消息
                                                         数,数组下标为 1 的元素表示队列中可写
                                                         消息数 */
    LOS_DL_LIST readWriteList[OS_READWRITE_LEN];      /* 读取或写入消息的任务等待链表,下标为
                                                         0:读取链表;下标为 1:写入链表 */
    LOS_DL_LIST memList;                              /* 内存块链表 */
} LosQueueCB;
```

每个队列控制块中都含有队列状态,表示该队列的使用情况。

(1) OS_QUEUE_UNUSED:队列未被使用。

(2) OS_QUEUE_INUSED:队列被使用中。

LiteOS 的队列定义了如下几种操作方法:

```
typedef enum
{
    OS_QUEUE_READ = 0;
    OS_QUEUE_WRITE = 1;
    OS_QUEUE_N_RW = 2;
}QueueReadWrite;

typedef enum
{
    OS_QUEUE_HEAD = 0;
    OS_QUEUE_TAIL = 1;
}QueueHeadTail;
```

OS_QUEUE READ 表示可读,OS_QUEUE_WRITE 表示可写,OS_QUEUE_N_RW 表示统计的可读可写的数量,OS_OUEUE_HEAD 表示读/写的位置为队头,OS_QUEUE_TAIL 表示读/写的位置为队尾。

队列应用的场景并不多见,OpenHarmony 提供的队列机制,更多是为了兼容一些第三方代码所需要的基于 Linux 的 mbox 等机制。

2. 接口说明

消息队列的接口说明如表 3-10 所示。

表 3-10 消息队列的接口说明

功 能 分 类	接 口 描 述
创建/删除消息队列	LOS_QueueCreate:创建一个消息队列,由系统动态申请队列空间; LOS_QueueCreateStatic:创建一个消息队列,由用户传入队列空间; LOS_QueueDelete:根据队列 ID 删除一个指定队列,静态消息队列删除后,队列空间需要用例自行处理
读/写队列(不带复制)	LOS_QueueRead:读取指定队列头节点中的数据(队列节点中的数据实际上是一个地址); LOS_QueueWrite:向指定队列尾节点中写入入参 bufferAddr 的值(buffer 的地址); LOS_QueueWriteHead:向指定队列头节点中写入入参 bufferAddr 的值(buffer 的地址)
读/写队列(带复制)	LOS_QueueReadCopy:读取指定队列头节点中的数据; LOS_QueueWriteCopy:向指定队列尾节点中写入入参 bufferAddr 中保存的数据; LOS_QueueWriteHeadCopy:向指定队列头节点中写入入参 bufferAddr 中保存的数据
获取队列信息	LOS_QueueInfoGet:获取指定队列的信息,包括队列 ID、队列长度、消息节点大小、头节点、尾节点、可读节点数量、可写节点数量、等待读操作的任务、等待写操作的任务

结合上述接口,创建实例实现以下功能:①创建一个队列,包含两个任务。任务 1 调用写队列接口发送消息,任务 2 通过读队列接口接收消息;②通过 LOS_TaskCreate 创建任务 1 和

任务 2；③通过 LOS_QueueCreate 创建一个消息队列；④在任务 1SendEntry 中发送消息；⑤在任务 2RecvEntry 中接收消息；⑥通过 LOS_QueueDelete 删除队列，代码如下：

```c
//第 3 章/ExampleQueue.c
# include "los_task.h"
# include "los_queue.h"

STATIC UINT32 g_queue;
# define BUFFER_LEN 50

VOID SendEntry(VOID)
{
    UINT32 ret = 0;
    CHAR abuf[] = "test message";
    UINT32 len = sizeof(abuf);

    ret = LOS_QueueWriteCopy(g_queue, abuf, len, 0);
    if (ret != LOS_OK)
    {
        printf("send message failure, error: % x\n", ret);
    }
}


VOID RecvEntry(VOID)
{
    UINT32 ret = 0;
    CHAR readBuf[BUFFER_LEN] = {0};
    UINT32 readLen = BUFFER_LEN;

    /* 休眠 1s */
    usleep(1000000);
    ret = LOS_QueueReadCopy(g_queue, readBuf, &readLen, 0);
    if (ret != LOS_OK)
    {
        printf("recv message failure, error: % x\n", ret);
    }

    printf("recv message: % s.\n", readBuf);

    ret = LOS_QueueDelete(g_queue);
    if (ret != LOS_OK)
    {
        printf("delete the queue failure, error: % x\n", ret);
    }

    printf("delete the queue success.\n");
}

UINT32 ExampleQueue(VOID)
{
    printf("start queue example.\n");
    UINT32 ret = 0;
    UINT32 task1;
```

```
        UINT32 task2;
        TSK_INIT_PARAM_S taskParam1 = {0};
        TSK_INIT_PARAM_S taskParam2 = {0};

        LOS_TaskLock();

        taskParam1.pfnTaskEntry = (TSK_ENTRY_FUNC)SendEntry;
        taskParam1.usTaskPrio = 9;
        taskParam1.uwStackSize = LOSCFG_BASE_CORE_TSK_DEFAULT_STACK_SIZE;
        taskParam1.pcName = "SendQueue";
        ret = LOS_TaskCreate(&task1, &taskParam1);
        if (ret != LOS_OK)
        {
            printf("create task1 failed, error: % x\n", ret);
            return ret;
        }

        taskParam2.pfnTaskEntry = (TSK_ENTRY_FUNC)RecvEntry;
        taskParam2.usTaskPrio = 10;
        taskParam2.uwStackSize = LOSCFG_BASE_CORE_TSK_DEFAULT_STACK_SIZE;
        taskParam2.pcName = "RecvQueue";
        ret = LOS_TaskCreate(&task2, &taskParam2);
        if (ret != LOS_OK)
        {
            printf("create task2 failed, error: % x\n", ret);
            return ret;
        }

        ret = LOS_QueueCreate("queue", 5, &g_queue, 0, 50);
        if (ret != LOS_OK)
        {
            printf("create queue failure, error: % x\n", ret);
        }

        printf("create the queue success.\n");
        LOS_TaskUnlock();
        return ret;
}
```

编译运行后得到的结果如下：

```
start queue example.
create the queue success.
recv message: test message.
delete the queue success.
```

3.4.4 信号量

信号量(Semaphore)是一种实现任务间通信的机制，可以实现任务间同步或共享资源的互斥访问。在计算机科学中，信号量用于控制并发系统/多任务操作系统中多个 Task 对公共资源的访问。信号量只是一个变量，此变量用于解决临界区问题并在多处理器环境中实现过程同步。

在一个信号量的数据结构中,通常有一个计数值,用于对有效资源数进行计数,表示剩下的可被使用的共享资源数,其值的含义分两种情况:0表示该信号量当前不可被获取;正值表示该信号量当前可被获取。

信号量可用于同步或者互斥。

(1)当用作互斥时,初始信号量计数值不为0,表示可用的共享资源个数。在需要使用共享资源前,先获取信号量,然后使用一个共享资源,使用完毕后释放信号量。这样在共享资源被取完,即信号量计数减至0时,其他需要获取信号量的任务将被阻塞,从而保证了共享资源的互斥访问。另外,当共享资源数为1时,建议使用二值信号量,即一种类似于互斥锁的机制。

(2)当用作同步时,初始信号量计数值为0。任务1因无法获取信号量而被阻塞,直到任务2或者某中断释放信号量,任务1才得以进入Ready或Running态,从而达到任务间的同步。

1. 运行机制

LiteOS 的信号量控制块的定义如下:

```
/**
 * 信号量控制块数据结构
 */
typedef struct
{
    UINT16 semStat;                     /* 信号量状态 */
    UINT16 semType;                     /* 信号量类型 */
    UINT16 semCount;                    /* 信号量计数 */
    UINT16 semId;                       /* 信号量索引号 */
    LOS_DL_LIST semList;                /* 用于插入阻塞于信号量的任务 */
} LosSemCB;
```

信号量操作主要由两个函数完成:LOS SemPend()和 LOS SemPost(),其中 LOS SemPend()尝试获取信号量,如果获取不到,任务则会进入阻塞状态;LOS SemPost()发出信号量,触发被 LOS SemPend()阻塞的任务进入就绪态。

以 LiteOS 的 console 部分代码为例,来讲解信号量的使用过程,代码如下:

```
//第3章/console.c
STATIC INT32 ConsoleCtrlRightsCapture(CONSOLE_CB * consoleCB)
{
    (VOID) LOS SemPend(consoleCB - consoleSem, LOS WAIT_FOREVER);
    //尝试获得 console 信号量,如果得不到,则挂起
if((ConsoleRefcountGet(consoleCB) == 0)&&
(OsCurrTaskGet() - > taskID ! consoleCB - > shellEntryId){
        /* not 0:indicate that shellentry is in uart read, suspend shellentry task directly */
        (VOID) LOS_TaskSuspend(consoleCB - > shellEntryId);
        ConsoleRefcountSet(consoleCB, TRUE);
        return LOS_OK;
}

STATIC INT32 ConsoleCtrlRightsRelease(CONSOLE_CB * consoleCB)
if(ConsoleRefcountGet(consoleCB) == 0){
```

```
        PRINT_ERR("console is freen");
        (VOID) LOS_SemPost(consoleCB->consoleSem);              /* 释放 console 信号量 */
        return LOS_NOK;
    }
    else
    {

        ConsoleRefcountSet(consoleCB, FALSE);
        if ((ConsoleRefcountGet(consoleCB) == 0) &&
            (OsCurrTaskGet0)->taskID !consoleCB->shellEntryId)
        {
            (VOID) LOS_TaskResume(consoleCB->shellEntryId);
        }
        (VOID) LOS_SemPost(consoleCB->consoleSem);
        return LOS_OK;
    }
```

在 console 的 capture() 和 release() 函数里,分别对 consoleSem 信号量进行了 pend 和 post 操作,以实现不同的 console 进程的同步协调。

读者读到这里,肯定会感觉信号量和互斥量似乎有一些相似之处,都是对系统资源的一种占有和释放,其目的是实现 Task 间的同步,那么它们之间又有什么不同呢?

其实最关键的区别在于,互斥量一般由持有互斥量的进程本身释放,而信号量没有这个约束,这就导致互斥量与信号量比较起来有以下几点的优势。

(1)可规避优先级倒置:互斥量知道谁持有它,每当更高优先级的任务开始等待互斥量时,就有可能提升持有者的优先级来避免优先级倒置。

(2)避免听筒提前终止任务:互斥量还可以提高删除安全性,在这种情况下,持有互斥量的任务不会被意外删除。

(3)避免死锁:如果互斥量持有的任务由于某些原因终止,则操作系统可以释放该互斥量。

(4)避免递归死锁:允许一个任务多次重入互斥量,因为它可以将其解锁相同的次数。

(5)避免意外释放:如果释放任务不是互斥量的所有者,则互斥量的释放会引发错误。

以上区别在编程过程中使用互斥量和信号量时,务必要仔细对比,选择最合适的工具。

2. 接口说明

信号量接口说明如表 3-11 所示。

表 3-11　信号量接口说明

功 能 分 类	接 口 描 述
创建/删除信号量	LOS_SemCreate:创建信号量,返回信号量 ID
	LOS_BinarySemCreate:创建二值信号量,其计数值最大为 1
	LOS_SemDelete:删除指定的信号量
申请/释放信号量	LOS_SemPend:申请指定的信号量,并设置超时时间
	LOS_SemPost:释放指定的信号量

结合上述接口,创建实例实现以下功能:

(1)使用 ExampleSem 创建一个信号量用于锁定任务调度。创建两个任务 ExampleSemTask 1

和 ExampleSemTask2，ExampleSemTask2 的优先级高于 ExampleSemTask1。两个任务申请同一信号量，解锁任务调度后两个任务阻塞，测试任务 ExampleSem 释放信号量。

（2）ExampleSemTask2 得到信号量，被调度，然后任务休眠 20 Tick，ExampleSemTask2 延迟，ExampleSemTask1 被唤醒。

（3）ExampleSemTask1 以定时阻塞模式申请信号量，等待时间为 10 Tick，因信号量仍被 ExampleSemTask2 持有，所以 ExampleSemTask1 被挂起，如果 10 Tick 后仍未得到信号量，则 ExampleSemTask1 会被唤醒，并试图以永久阻塞模式申请信号量，ExampleSemTask1 被挂起。

（4）20 Tick 后 ExampleSemTask2 被唤醒，释放信号量后，ExampleSemTask1 得到信号量被调度运行，最后释放信号量。

（5）ExampleSemTask1 执行完，400 Tick 后任务 ExampleSem 被唤醒，执行删除信号量。

代码如下：

```
//第 3 章/ExampleSem.c
# include "los_sem.h"

/* 信号量结构体 ID */
static UINT32 g_semId;

VOID ExampleSemTask1(VOID)
{
    UINT32 ret;

    printf("ExampleSemTask1 try get sem g_semId, timeout 10 ticks. \n");
    /* 以定时阻塞模式申请信号量，定时时间为 10 Tick */
    ret = LOS_SemPend(g_semId, 10);
    /* 申请到信号量 */
    if (ret == LOS_OK)
    {
        LOS_SemPost(g_semId);
        return;
    }

    /* 定时时间到，未申请到信号量 */
    if (ret == LOS_ERRNO_SEM_TIMEOUT)
    {
        printf("ExampleSemTask1 timeout and try get sem g_semId wait forever. \n");
        /* 以永久阻塞模式申请信号量 */
        ret = LOS_SemPend(g_semId, LOS_WAIT_FOREVER);
        printf("ExampleSemTask1 wait_forever and get sem g_semId. \n");
        if (ret == LOS_OK)
        {
            LOS_SemPost(g_semId);
            return;
        }
    }
}
```

```
VOID ExampleSemTask2(VOID)
{
    UINT32 ret;
    printf("ExampleSemTask2 try get sem g_semId wait forever.\n");

    /* 以永久阻塞模式申请信号量 */
    ret = LOS_SemPend(g_semId, LOS_WAIT_FOREVER);
    if (ret == LOS_OK)
    {
        printf("ExampleSemTask2 get sem g_semId and then delay 20 ticks.\n");
    }

    /* 任务休眠 20 Tick */
    LOS_TaskDelay(20);
    printf("ExampleSemTask2 post sem g_semId.\n");

    /* 释放信号量 */
    LOS_SemPost(g_semId);
    return;
}

UINT32 ExampleSem(VOID)
{
    UINT32 ret;
    TSK_INIT_PARAM_S task1 = {0};
    TSK_INIT_PARAM_S task2 = {0};
    UINT32 taskId1;
    UINT32 taskId2;

    /* 创建信号量 */
    LOS_SemCreate(0, &g_semId);

    /* 锁任务调度 */
    LOS_TaskLock();

    /* 创建任务 1 */
    task1.pfnTaskEntry = (TSK_ENTRY_FUNC)ExampleSemTask1;
    task1.pcName = "TestTask1";
    task1.uwStackSize = LOSCFG_BASE_CORE_TSK_DEFAULT_STACK_SIZE;
    task1.usTaskPrio = 5;
    ret = LOS_TaskCreate(&taskId1, &task1);
    if (ret != LOS_OK)
    {
        printf("task1 create failed.\n");
        return LOS_NOK;
    }

    /* 创建任务 2 */
    task2.pfnTaskEntry = (TSK_ENTRY_FUNC)ExampleSemTask2;
    task2.pcName = "TestTask2";
    task2.uwStackSize = LOSCFG_BASE_CORE_TSK_DEFAULT_STACK_SIZE;
```

```
task2.usTaskPrio = 4;
ret = LOS_TaskCreate(&taskId2, &task2);
if (ret != LOS_OK)
{
    printf("task2 create failed.\n");
    return LOS_NOK;
}

/* 解锁任务调度 */
LOS_TaskUnlock();

ret = LOS_SemPost(g_semId);

/* 任务休眠 400 Tick */
LOS_TaskDelay(400);

/* 删除信号量 */
LOS_SemDelete(g_semId);
return LOS_OK;
}
```

编译运行后得到的结果如下：

```
ExampleSemTask2 try get sem g_semId wait forever.
ExampleSemTask1 try get sem g_semId, timeout 10 ticks.
ExampleSemTask2 get sem g_semId and then delay 20 ticks.
ExampleSemTask1 timeout and try get sem g_semId wait forever.
ExampleSemTask2 post sem g_semId.
ExampleSemTask1 wait_forever and get sem g_semId.
```

3.5 时间管理

时间管理是操作系统内核非常重要的功能。时间管理以系统时钟为基础,给应用程序提供所有和时间有关的服务。

系统时钟是由定时器/计数器产生的输出脉冲触发中断产生的,一般定义为整数或长整数。输出脉冲的周期叫作一个"时钟滴答"。系统时钟也称为时标或者 Tick。

用户以秒、毫秒为单位计时,而操作系统以 Tick 为单位计时。只有操作系统对 CPU 才有完全控制权,当用户需要对系统进行操作时,例如任务挂起、延时等,此时需要时间管理模块对 Tick 和秒/毫秒进行转换。

OpenHarmony LiteOS-M 内核时间管理模块提供时间转换、统计功能。

3.5.1 系统 Tick

Cycle 是系统最小的计时单位。Cycle 的时长由系统主时钟频率决定,系统主时钟频率就是每秒的 Cycle 数。

Tick 是操作系统的基本时间单位,由用户配置的每秒 Tick 数决定。

1. 运行机制

LiteOS-M 的系统 Tick 都由 los_config.h 中的宏定义设置,代码如下：

```
/**
* @ingroup los_config
* Number of Ticks in one second
*/
#ifdef LOSCFG_BASE_CORE_TICK_PER SECOND
#define LOSCFG_BASE_CORE_TICK_PER SECOND 100
#endif
```

LOSCFG_BASE_CORE_TICK_PER_SECOND 用于定义每秒系统出发的 Tick 中断的数量,如果将此宏定义为 1000,则意味着每次 Tick 中断的时间间隔是 1ms。此宏定义的数值越大,说明在每个 Tick 内所要处理的事情越多,同时实时性会有所下降。在实际应用中,应该根据产品的场景来选择合适的 Tick 数量。

每次 Tick 中断出发时,相应的中断处理程序就会被调用。

2．接口说明

OpenHarmony LiteOS-M 内核的时间管理提供了下面几种功能,接口详细信息可以查看 API 参考。

时间转换接口信息如表 3-12 所示。

表 3-12　时间转换接口信息

接　口　名	描　　述
LOS_MS2Tick	将毫秒转换成 Tick
LOS_Tick2MS	将 Tick 转换为毫秒
OsCpuTick2MS	将 Cycle 数目转换为毫秒,使用两个 UINT32 类型的数值分别表示结果数值的高、低位
OsCpuTick2US	将 Cycle 数目转换为微秒,使用两个 UINT32 类型的数值分别表示结果数值的高、低位

时间统计接口信息如表 3-13 所示。

表 3-13　时间统计接口信息

接　口　名	描　　述
LOS_SysClockGet	获取系统时钟
LOS_TickCountGet	获取自系统启动以来的 Tick 数
LOS_CyclePerTickGet	获取每个 Tick 有多少 Cycle 数
LOS_CurrNanosec	获取当前的时间,单位为纳秒

时间注册接口 TickTimerRegister 用于重新注册系统时钟的定时器和对应的中断处理函数。

延时接口信息如表 3-14 所示。

表 3-14　延时接口信息

接　口　名	描　　述
LOS_MDelay	延时函数,延时单位为毫秒
LOS_UDelay	延时函数,延时单位为微秒

利用上述不同功能接口可实现两种功能。①时间转换:将毫秒数转换为 Tick 数,或将 Tick 数转换为毫秒数;②时间统计:每 Tick 的 Cycle 数、自系统启动以来的 Tick 数和延时后

的 Tick 数。

前提条件:使用每秒的 Tick 数作为 LOSCFG_BASE_CORE_TICK_PER_SECOND 的默认值,默认值为 100;配置好 OS_SYS_CLOCK 系统主时钟频率。

在 TestTaskEntry 中调用验证入口函数 ExampleTransformTime()和 ExampleGetTime(),代码如下:

```c
//第 3 章/ExampleTransformTime.c
VOID ExampleTransformTime(VOID)
{
    UINT32 ms;
    UINT32 tick;

    /* 将 10000ms 转换为 Tick */
    tick = LOS_MS2Tick(10000);
    printf("tick = %d \n", tick);

    /* 将 100 Tick 转换为 ms */
    ms = LOS_Tick2MS(100);
    printf("ms = %d \n", ms);
}
```

编译运行后得到的结果如下:

```
tick = 1000
ms = 1000
```

时间统计和时间延时实例,代码如下:

```c
//第 3 章/ExampleGetTime.c
VOID ExampleGetTime(VOID)
{
    UINT32 cyclePerTick;
    UINT64 tickCountBefore;
    UINT64 tickCountAfter;

    cyclePerTick = LOS_CyclePerTickGet();
    if (0 != cyclePerTick)
    {
        printf("LOS_CyclePerTickGet = %d \n", cyclePerTick);
    }

    tickCountBefore = LOS_TickCountGet();
    LOS_TaskDelay(200);
    tickCountAfter = LOS_TickCountGet();
    printf("LOS_TickCountGet after delay rising = %d \n", (UINT32)(tickCountAfter - tickCountBefore));
}
```

编译运行后得到的结果如下:

```
LOS_CyclePerTickGet = 250000 (根据实际运行环境,数据会有差异)
LOS_TickCountGet after_delay_rising = 200
```

3.5.2　软件定时器

软件定时器是基于系统 Tick 时钟中断且由软件来模拟的定时器,当经过设定的 Tick 时钟计数值后会触发用户定义的回调函数。定时精度与系统 Tick 时钟的周期有关。

硬件定时器受硬件的限制,数量上不足以满足用户的实际需求,因此 OpenHarmony LiteOS-M 内核提供了软件定时器功能。软件定时器扩展了定时器的数量,允许创建更多的定时业务。

软件定时器支持以下功能。

(1) 静态裁剪:能通过宏关闭软件定时器功能。

(2) 创建软件定时器。

(3) 启动软件定时器。

(4) 停止软件定时器。

(5) 删除软件定时器。

(6) 获取软件定时器剩余 Tick 数。

1. 运行机制

软件定时器是系统资源,在模块初始化时已经分配了一个连续的内存,系统支持的最大定时器个数由 los_config.h 文件中的 LOSCFG_BASE_CORE_SWTMR_LIMIT 宏配置。

软件定时器使用了系统的一个队列和一个任务资源,软件定时器的触发遵循队列规则,即先进先出。定时时间短的定时器总是比定时时间长的定时器靠近队列头,满足优先被触发的准则。

软件定时器以 Tick 为基本计时单位,当用户创建并启动一个软件定时器时,OpenHarmony LiteOS-M 内核会根据当前系统 Tick 时间及用户设置的定时间隔确定该定时器的到期 Tick 时间,并将该定时器控制结构挂入计时全局链表。

当 Tick 中断到来时,在 Tick 中断处理函数中扫描软件定时器的计时全局链表,看是否有定时器超时,若有,则将超时的定时器记录下来。

Tick 中断处理函数结束后,软件定时器任务(优先级为最高)被唤醒,在该任务中调用之前记录下来的定时器的超时回调函数。

LiteOS 的软件定时器提供了 3 种状态。

(1) OS_SWTMR_STATUS_UNUSED(未使用):系统在定时器模块初始化时将系统中所有定时器资源初始化成该状态。

(2) OS_SWTMR_STATUS _CREATED(创建未启动/停止):在未使用状态下调用 LOS_SwtmrCreate 接口或者启动后调用 LOS_SwtmrStop 接口后,定时器将变成该状态。

(3) OS_SWTMR_STATUS_TICKING(计数):在定时器创建后调用 LOS_SwtmrStart 接口,定时器将变成该状态,表示定时器运行时的状态。

OpenHarmony LiteOS-M 内核的软件定时器提供了三类定时器机制:

(1) 单次触发定时器。这类定时器在启动后只会触发一次定时器事件,然后定时器自动删除。

(2) 周期触发定时器。这类定时器会周期性地触发定时器事件,直到用户手动地停止定时器,否则将永远持续执行下去。

（3）单次触发定时器（非自动删除）。与第一类不同之处在于这类定时器超时后不会自动删除,需要调用定时器删除接口删除定时器。

软件定时器的实现是通过一个软件定时器队列和一个软件定时器的 Task 来完成的,软件定时器队列的逻辑结构如图 3-14 所示。

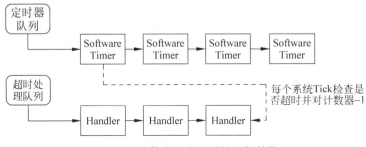

图 3-14　软件定时器队列的逻辑结构

其中,软件定时器队列的每个元素的定义如下：

```
typedef struct tagSwTmrCtrl
{
    SortLinkList stSortList;
    UINT8 ucState;                        /** 软件定时器状态 */
    UINT8 ucMode;                         /** 软件定时器模式 */
    UINT8 ucOverrun;                      /** 定时事件已经发生的次数 */
    UINT16 usTimerID;                     /** 软件定时器 ID */
    UINT32 uwCount;                       /** 倒数计数器 */
    UINT32 uwInterval;                    /** 周期性软件定时器的超时周期 */
    UINT32 uwExpiry;                      /** 一次性软件定时器的超时时间 */
#if (LOSCFG_kernel_SMP == YES)
    UINT32 uwCpuid;                       /** 多核环境下的处理 CPU */
#endif
    UINTPTR uWArg;                        /** 传递给定时处理函数的参数 */
    SWTMR PROC_FUNC pfnHandler;           /** 定时处理函数 */
    UINT32 uwOwnerPid;                    /** 软件定时器归属的进程 ID */
} SWTMR_CTRL_S;
```

软件定时器的 Task 功能非常简单,即不停地从 CPU 的超时处理队列中读取定时器处理函数的指针和处理程序的参数,然后调用对应的函数。

2. 接口说明

OpenHarmony LiteOS-M 内核的软件定时器模块提供了下面几种功能,如表 3-15 所示,接口详细信息可以查看 API 参考。

表 3-15　软件定时器模块接口信息

功 能 分 类	名　　称	接 口 描 述
创建、删除定时器	LOS_SwtmrCreate	创建定时器
	LOS_SwtmrDelete	删除定时器

续表

功 能 分 类	名 称	接 口 描 述
启动、停止定时器	LOS_SwtmrStart	启动定时器
	LOS_SwtmrStop	停止定时器
获得软件定时器剩余 Tick 数	LOS_SwtmrTimeGet	获得软件定时器剩余 Tick 数

本实例实现以下功能：①软件定时器创建、启动、删除、暂停、重启操作；②单次软件定时器和周期软件定时器的使用方法，代码如下：

```c
//第 3 章/Timer_example.c
# include "los_swtmr.h"
/* Timercount */
UINT32 g_timerCount1 = 0;
UINT32 g_timerCount2 = 0;
/* 任务 ID */
UINT32 g_testTaskId01;
void Timer1_Callback(UINT32arg)                     //回调函数 1
{
    UINT32 tick_last1;
    g_timerCount1++;
    tick_last1 = (UINT32)LOS_TickCountGet();        //获取当前 Tick 数
    printf("g_timerCount1 = % d,tick_last1 = % d\n", g_timerCount1, tick_last1);
}
void Timer2_Callback(UINT32arg)                     //回调函数 2
{
    UINT32 tick_last2;
    tick_last2 = (UINT32)LOS_TickCountGet();
    g_timerCount2++;
    printf("g_timerCount2 = % dtick_last2 = % d\n", g_timerCount2, tick_last2);
}
void Timer_example(void)
{
    UINT32 ret;
    UINT32 id1; //timerid1
    UINT32 id2; //timerid2
    UINT32 tickCount;
    /* 创建单次软件定时器,Tick 为 1000,启动到 1000 Tick 时执行回调函数 1 */
    LOS_SwtmrCreate(1000, LOS_SWTMR_MODE_ONCE, Timer1_Callback, &id1, 1);
    /* 创建周期软件定时器,每 100 Tick 执行一次回调函数 2 */
    LOS_SwtmrCreate(100, LOS_SWTMR_MODE_PERIOD, Timer2_Callback, &id2, 1);
    printf("create Timer1 success\n");
    LOS_SwtmrStart(id1);                            //启动单次软件定时器
    printf("start Timer1 success\n");
    LOS_TaskDelay(200);                             //延时 200 Tick
    LOS_SwtmrTimeGet(id1, &tickCount);              //获得单次软件定时器剩余的 Tick
    printf("tickCount = % d\n", tickCount);
    LOS_SwtmrStop(id1);                             //停止软件定时器
    printf("stop Timer1 success\n");
    LOS_SwtmrStart(id1);
    LOS_TaskDelay(1000);
    LOS_SwtmrStart(id2);                            //启动周期软件定时器
```

```
        printf("startTimer2\n");
        LOS_TaskDelay(1000);
        LOS_SwtmrStop(id2);
        ret = LOS_SwtmrDelete(id2);                    //删除软件定时器
        if (ret == LOS_OK)
        {
            printf("deleteTimer2success\n");
        }
    }
}
UINT32 Example_TaskEntry(VOID)
{
    UINT32 ret;
    TSK_INIT_PARAM_Stask1;
    /* 锁任务调度 */
    LOS_TaskLock();
    /* 创建任务 1 */
    (VOID) memset(&task1, 0, sizeof(TSK_INIT_PARAM_S));
    task1.pfnTaskEntry = (TSK_ENTRY_FUNC)Timer_example;
    task1.pcName = "TimerTsk";
    task1.uwStackSize = LOSCFG_BASE_CORE_TSK_DEFAULT_STACK_SIZE;
    task1.usTaskPrio = 5;
    ret = LOS_TaskCreate(&g_testTaskId01, &task1);
    if (ret != LOS_OK)
    {
        printf("TimerTskcreatefailed.\n");
        return LOS_NOK;
    }
    /* 解锁任务调度 */
    LOS_TaskUnlock();
    return LOS_OK;
```

编译、烧录后运行,输出的结果如下:

```
start Timer1 success
stop timer1 success
g_timerCount1 = 1
timer1 self delete test success
start Timer2 success
g_timerCount2 = 1
g_timerCount2 = 2
g_timerCount2 = 3
g_timerCount2 = 4
g_timerCount2 = 5
g_timerCount2 = 6
g_timerCount2 = 7
g_timerCount2 = 8
g_timerCount2 = 9
g_timerCount2 = 10
delete Timer2 success
```

3.6 双向链表

在 OpenHarmony 中,最重要的结构体就是双向链表,指含有往前和往后两个方向的链表,即每个节点中除存放下一个节点指针外,还增加一个指向前一个节点的指针,从双向链表中的任意一个节点开始都可以很方便地访问它的前驱节点和后继节点,这种数据结构形式使双向链表在查找时更加方便,特别是大量数据的遍历。双向链表具有对称性,能方便地完成各种插入、删除等操作。双向链表的结构如图 3-15 所示。

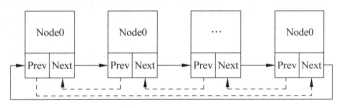

图 3-15　双向链表的结构

如果起始节点的前驱指针指向结束节点,同时结束节点的后继指针指向起始节点,则意味着这是一个循环双向链表。

双向链表可以将其概念化为由相同数据项形成的两个单链接列表,但顺序相反。通过两个链接指针可以沿任一方向遍历链表。虽然在双向链表中添加或删除节点要比在单向链表中更加复杂,但毫无疑问双向链表的遍历过程效率更高。

OpenHarmony 内核中大量地使用了双向链表,OpenHarmony 的双向链表的定义如下:

```
typedef struct LOS_DL_LIST
{
    struct LOS_DL_LIST * pstPrev; /* * < Current node's pointer to the previous node｜前驱节点(左手) * /
    struct LOS_DL_LIST * pstNext; /* * < Current node's pointer to the next node｜后继节点(右手) * /
} LOS_DL_LIST;
```

读者可能好奇,为什么 OpenHarmony 的双向链表定义没有数据部分,而只有两个指针?这是因为 OpenHarmony 的双向链表是一个抽象定义,LOS_DL_LIST 仅仅定义了链接结构,任何结构体都可以通过定义一个 LOS_DL_LIST 成员而具备双向链表的特性。

OpenHarmony 围绕 LOS_DL_LIST 的定义,实现了一些列访问数据节点及修改链表的操作。双向链表接口信息如表 3-16 所示。

表 3-16　双向链表接口信息

功 能 分 类	接 口 描 述
初始化和删除链表	LOS_ListInit:将指定双向链表节点初始化为双向链表; LOS_DL_LIST_HEAD:定义一个双向链表节点并将该节点初始化为双向链表; LOS_ListDelInit:删除指定的双向链表
增加节点	LOS_ListAdd:将指定节点插入双向链表头端 LOS_ListTailInsert:将指定节点插入双向链表尾端
删除节点	LOS_ListDelete:将指定节点从链表中删除 LOS_ListDelInit:将指定节点从链表中删除,并使用该节点初始化链表
判断双向链表是否为空	LOS_ListEmpty:判断链表是否为空

续表

功 能 分 类	接 口 描 述
获取结构体信息	LOS_DL_LIST_ENTRY:获取包含链表的结构体地址,接口的第1个入参表示链表中的某个节点,第2个入参是要获取的结构体名称,第3个入参是链表在该结构体中的名称 LOS_OFF_SET_OF:获取指定结构体内的成员相对于结构体起始地址的偏移量
遍历双向链表	LOS_DL_LIST_FOR_EACH:遍历双向链表 LOS_DL_LIST_FOR_EACH_SAFE:遍历双向链表,并存储当前节点的后继节点用于安全校验
遍历包含双向链表的结构体	LOS_DL_LIST_FOR_EACH_ENTRY:遍历指定双向链表,获取包含该链表节点的结构体地址 LOS_DL_LIST_FOR_EACH_ENTRY_SAFE:遍历指定双向链表,获取包含该链表节点的结构体地址,并存储包含当前节点的后继节点的结构体地址

接下来对常用的访问数据节点及修改链表的操作进行介绍。

(1) 获取数据节点 LOS_DL_LIST_ENTRY,代码如下:

```
#define LOS_DL_LIST_ENTRY(item, type, member)\
    ((type *)(VOID *)((CHAR *)(item) - LOS_OFF_SET_OF(type, member)))
```

LOS_DL_LIST_ENTRY 的 3 个参数分别为节点指针、节点类型和结构体里的双向链表成员变量名。这个宏作为双向链表变量,通过倒退获得链表节点的指针,从而获得数据节点的指针,如图 3-16 所示。

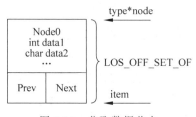

图 3-16 获取数据节点

(2) 遍历数据节点,代码如下:

```
#define LOS_DL_LIST_FOR_EACH_ENTRY(item, list, type, member) \
    for ((item) = LOS_DL_LIST_ENTRY((list)->pstNext, type, member); \
        &(item)->member != (list); \
        (item) = LOS_DL_LIST_ENTRY((item)->member.patNext, type, member))
```

在 LOS_DL_LIST_ENTRY 的基础上,通过不断地调用后继节点指针,直至回到初始节点来遍历整个链表。因为 OpenHarmony 的双向链表是循环的,所以可以从任何一个节点发起遍历。

(3) 初始化链表头,代码如下:

```
#define LOS_DL_LIST_HEAD(list) \
    LOS_DL_LIST list = {&(list), &(list)}
```

初始化双向链表非常简单,只需把前驱指针和后继指针都指向自己。

(4)插入链表节点,代码如下:

```
LITE_OS_SEC_ALW_INLINE STATIC_INLINE VOID LOS_ListAdd(LOS_DL_LIST * list, LOS_DL_LIST * node)
{
    node->pstNext = list->pstNext;
    node->pstPre = list;
    list->pstNext->pstPre = node;
    list->pstNext = node;
}
```

(5)删除链表节点,代码如下:

```
LITE_OS_SEC_ALW_INLINE STATIC_INLINE VOID LOS_ListDelete(LOS_DL_LIST * node)
{
    node->pstNext->pstPre = node->pstPre;
    node->pstPre->pstNext = node->pstNext;
    node->pstNext = (LOS_DL_LIST * )NULL;
    node->pstPre = (LOS_DL_LIST * )NULL;
}
```

(6)判断链表是否为空,代码如下:

```
LITE_OS_SEC_ALW_INLINE STATIC_INLINE BOOL LOS_ListEmpty(LOS_DL_LIST * node)
{
    return (BOOL)(node->pstNext == node);
}
```

3.7　内核调试

内核调试分为内存调测、异常调测和 Trace 调测。

3.7.1　内存调测

内存调测方法旨在辅助定位动态内存相关问题,提供了基础的动态内存池信息统计手段,向用户呈现内存池水线、碎片率等信息;提供了内存泄漏检测手段,方便用户准确定位存在内存泄漏的代码行,也可以辅助分析系统各个模块内存的使用情况;提供了踩内存检测手段,可以辅助定位越界踩内存的场景。

1. 内存信息统计

内存信息包括内存池大小、内存使用量、剩余内存大小、最大空闲内存、内存节点数统计及碎片率等。内存水线是内存池的最大使用量,在每次申请和释放时都会更新。在实际业务中,可根据该值来优化内存池大小。碎片率是衡量内存池碎片化程度的指标,其高低取决于内存池剩余内存大小和最大空闲内存块大小的比例,可以通过公式来度量。其他参数可通过调用接口扫描内存池的节点信息,以统计出相关信息。内存水线功能可以通过配置宏 LOSCFG_MEM_WATERLINE 打开或关闭,默认为打开。若要获取内存水线信息,则需要将该宏定义为 1。在 target_config.h 文件中可以进行配置。

内存信息统计实例实现以下功能:①创建一个监控任务,用于获取内存池的信息;②调用 LOS_MemInfoGet 接口,获取内存池的基础信息;③利用公式算出使用率及碎片率。

实现代码如下：

```
//第3章/MemInfoTaskFunc.c
#include <stdio.h>
#include <string.h>
#include "los_task.h"
#include "los_memory.h"
#include "los_config.h"
void MemInfoTaskFunc(void)
{
    LOS_MEM_POOL_STATUSpoolStatus = {0};
    /* pool 为要统计信息的内存地址,此处以 OS_SYS_MEM_ADDR 为例 */
    void * pool = OS_SYS_MEM_ADDR;
    LOS_MemInfoGet(pool, &poolStatus);
    /* 计算内存池当前的碎片率 */
    unsignedcharfragment = 100 - poolStatus.maxFreeNodeSize * 100 / poolStatus.totalFreeSize;
    /* 计算内存池当前的使用率 */
    unsignedcharusage = LOS_MemTotalUsedGet(pool) * 100 / LOS_MemPoolSizeGet(pool);
printf("usage = % d, fragment = % d, maxFreeSize = % d, totalFreeSize = % d, waterLine = % d\n",
usage, fragment, poolStatus.maxFreeNodeSize,
        poolStatus.totalFreeSize, poolStatus.usageWaterLine);
}
intMemTest(void)
{
    unsignedintret;
    unsignedinttaskID;
    TSK_INIT_PARAM_StaskStatus = {0};
    taskStatus.pfnTaskEntry = (TSK_ENTRY_FUNC)MemInfoTaskFunc;
    taskStatus.uwStackSize = 0x1000;
    taskStatus.pcName = "memInfo";
    taskStatus.usTaskPrio = 10;
    ret = LOS_TaskCreate(&taskID, &taskStatus);
    if (ret != LOS_OK)
    {
        printf("taskcreatefailed\n");
        return -1;
    }
    return0;
}
```

编译、烧录后运行,输出的结果如下：

```
usage = 22, fragment = 3, maxFreeSize = 49056, totalFreeSize = 50132, waterLine = 1414
```

2. 内存泄漏检测

内存泄漏检测机制作为内核的可选功能,用于辅助定位动态内存泄漏问题。开启该功能,动态内存机制会自动记录申请内存时的函数调用关系。如果出现泄漏,则可以利用这些记录的信息找到内存申请的地方,方便进一步确认。

接下来对相关配置函数进行介绍。

(1) LOSCFG_MEM_LEAKCHECK：开关宏,默认为关闭;若打开这个功能,则需在target_config.h 文件中将这个宏定义为1。

（2）LOSCFG_MEM_RECORD_LR_CNT：记录的 LR 层数，默认为 3 层；记录每层 LR 消耗 sizeof(void*)字节数的内存。

（3）LOSCFG_MEM_OMIT_LR_CNT：忽略的 LR 层数，默认为 4 层，即从调用 LOS_MemAlloc 函数开始记录，可根据实际情况调整。

之所以需要以上配置，原因有以下四点。

（1）LOS_MemAlloc 接口内部也有函数调用。

（2）外部可能对 LOS_MemAlloc 接口有封装。

（3）LOSCFG_MEM_RECORD_LR_CNT 配置的 LR 层数有限。

（4）正确配置这个宏，只要将无效的 LR 层数忽略，就可以记录有效的 LR 层数，节省内存消耗。

内存泄漏监测实例实现构建内存泄漏代码段。

（1）调用 LOS_MemUsedNodeShow 接口，输出全部节点信息。

（2）申请内存，但没有释放，模拟内存泄漏。

（3）再次调用 LOS_MemUsedNodeShow 接口，输出全部节点信息。

（4）对两次 log 进行对比，得出泄漏的节点信息。

（5）通过 LR 地址找出泄漏的代码位置。

实现代码如下：

```
//第 3 章/MemLeakTest.c
# include < stdio. h >
# include < string. h >
# include "los_memory. h"
# include "los_config. h"
void MemLeakTest(void)
{
    LOS_MemUsedNodeShow(LOSCFG_SYS_HEAP_ADDR);
    void * ptr1 = LOS_MemAlloc(LOSCFG_SYS_HEAP_ADDR, 8);
    void * ptr2 = LOS_MemAlloc(LOSCFG_SYS_HEAP_ADDR, 8);
    LOS_MemUsedNodeShow(LOSCFG_SYS_HEAP_ADDR);
}
```

编译、烧录后运行，输出的结果如下：

```
nodesizeLR[0]LR[1]LR[2]
0x20001b04:0x240x08001a100x080035ce0x080028fc
0x20002058:0x400x08002fe80x080036260x080028fc
0x200022ac:0x400x08000e0c0x08000e560x0800359e
0x20002594:0x1200x08000e0c0x08000e560x08000c8a
0x20002aac:0x560x08000e0c0x08000e560x08004220
nodesizeLR[0]LR[1]LR[2]
0x20001b04:0x240x08001a100x080035ce0x080028fc
0x20002058:0x400x08002fe80x080036260x080028fc
0x200022ac:0x400x08000e0c0x08000e560x0800359e
0x20002594:0x1200x08000e0c0x08000e560x08000c8a
0x20002aac:0x560x08000e0c0x08000e560x08004220
0x20003ac4:0x1d0x080014580x080014e00x080041e6
0x20003ae0:0x1d0x080041ee0x08000cc20x00000000
```

对比两次 log,差异如下,这些内存节点就是疑似泄漏的内存块:

```
0x20003ac4:0x1d0x080014580x080014e00x080041e6
0x20003ae0:0x1d0x080041ee0x08000cc20x00000000
```

部分汇编文件如下:

```
MemLeakTest:
0x80041d4:0xb510PUSH{R4,LR}
0x80041d6:0x4ca8LDR.NR4,[PC,#0x2a0];g_memStart
0x80041d8:0x0020MOVSR0,R4
0x80041da:0xf7fd0xf93eBLLOS_MemUsedNodeShow;0x800145a
0x80041de:0x2108MOVSR1,#8
0x80041e0:0x0020MOVSR0,R4
0x80041e2:0xf7fd0xfbd9BLLOS_MemAlloc;0x8001998
0x80041e6:0x2108MOVSR1,#8
0x80041e8:0x0020MOVSR0,R4
0x80041ea:0xf7fd0xfbd5BLLOS_MemAlloc;0x8001998
0x80041ee:0x0020MOVSR0,R4
0x80041f0:0xf7fd0xf933BLLOS_MemUsedNodeShow;0x800145a
0x80041f4:0xbd10POP{R4,PC}
0x80041f6:0x0000MOVSR0,R0
```

其中,通过查找 0x080041ee 就可以发现该内存节点是在 MemLeakTest 接口里申请的且没有被释放。

3. 踩内存检测

踩内存检测机制作为内核的可选功能,用于检测动态内存池的完整性。通过该机制,可及时发现内存池是否发生了踩内存问题,并给出提示信息,便于及时发现系统问题,提高问题解决效率,降低问题定位成本。

通过设置 LOSCFG_BASE_MEM_NODE_INTEGRITY_CHECK 的宏参数,可以打开或者关闭对应的功能。开启宏定义的功能,可以实现在每次申请内存时实时检测内存池的完整性。如果不开启该功能,则可以调用 LOS_MemIntegrityCheck 接口检测,但是每次申请内存时不会实时检测内存完整性,而且由于节点头没有魔鬼数字(开启时才有,以便节省内存),检测的准确性也会相应降低,但对于系统的性能没有影响,故可根据实际情况开关该功能。

由于该功能只会检测出哪个内存节点被破坏了,并给出前节点信息(因为内存分布是连续的,当前节点最有可能被前节点破坏),如果要进一步确认前节点是在哪里申请的,则需开启内存泄漏检测功能,通过 LR 记录辅助定位。

3.7.2 异常调测

OpenHarmony LiteOS-M 提供了异常接管调测手段,帮助开发者定位及分析问题。异常接管是操作系统对运行期间发生的异常情况进行处理的一系列动作,例如打印异常发生时的异常类型、发生异常时的系统状态、当前函数的调用栈信息、CPU 现场信息、任务调用堆栈等信息。

栈帧用于保存函数在调用过程中的函数参数、变量、返回值等信息。在调用函数时会创建子函数的栈帧,同时将函数入参,以及将局部变量、寄存器入栈。栈帧从高地址向低地址生长。

以 ARM32CPU 架构为例,每个栈帧中都会保存 PC、LR、SP 和 FP 寄存器的历史值。链接寄存器(Link Register,LR)指向函数的返回地址,指针(Frame Point,FP)寄存器指向当前函数的父函数的栈帧起始地址。利用 FP 寄存器可以得到父函数的栈帧,从栈帧中获取父函数的FP,就可以得到祖父函数的栈帧,以此类推,可以追溯程序调用栈,得到函数间的调用关系。

当系统发生异常时,系统会打印在异常函数的栈帧中保存的寄存器内容,以及在父函数、祖父函数的栈帧中保存的 LR、FP 寄存器内容,这样用户就可以据此追溯函数间的调用关系,以及定位异常原因。

堆栈分析原理如图 3-17 所示,实际堆栈信息根据 CPU 架构的不同会有所差异,此处仅做示意。

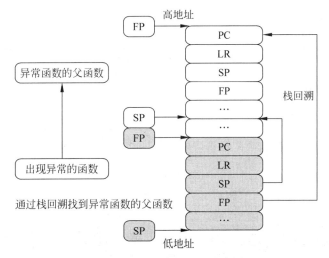

图 3-17 堆栈分析原理示意图

图 3-17 中不同颜色的寄存器表示不同的函数,可以看到函数在调用过程中寄存器的保存情况。通过 FP 寄存器栈可回溯到异常函数的父函数,继续按照规律对栈进行解析,推出函数调用关系,方便用户定位问题。

OpenHarmony LiteOS-M 内核的回溯栈模块提供了下面几种功能,如表 3-17 所示,接口详细信息可以查看 API 参考。

表 3-17 回溯栈模块接口信息

功能分类	名　称	接　口　描　述
回溯栈接口	LOS_BackTrace	打印调用处的函数调用栈关系
	LOS_RecordLR	在无法打印的场景用该接口获取调用处的函数调用栈关系

3.7.3 Trace 调测

Trace 调测旨在帮助开发者获取内核的运行流程,以及各个模块、任务的执行顺序,从而可以辅助开发者定位一些时序问题或者了解内核的代码运行过程。

内核提供了一套 Hook 框架,将 Hook 点预埋在各个模块的主要流程中,在内核启动初期完成 Trace 功能的初始化,并将 Trace 的处理函数注册到 Hook 中。

当系统触发到一个 Hook 点时,Trace 模块会对输入信息进行封装,添加 Trace 帧头信息,包含事件类型、运行的 CPUID、运行的任务 ID、运行的相对时间戳等信息。

Trace 提供了两种工作模式,即离线模式和在线模式。

(1) 离线模式会将跟踪帧(Trace Frame)记录到预先申请好的循环 buffer 中。如果循环 buffer 记录的 frame 过多,则可能出现翻转,覆盖之前的记录,故保持记录的信息始终是最新的信息。Trace 循环 buffer 的数据可以通过 Shell 命令导出进行详细分析,导出信息已按照时间戳信息完成排序。

(2) 在线模式需要配合 IDE 使用,实时将跟踪帧记录发送给 IDE,IDE 端进行解析并可视化展示。

Trace 调测运行流程如图 3-18 所示。

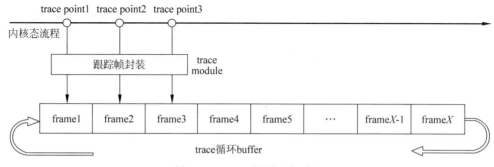

图 3-18　Trace 调测运行流程

编程实例实现如下功能:

(1) 申请两个物理上连续的内存块。

(2) 通过 memset 构造越界访问,踩到下个节点的前 4 字节。

(3) 调用 LOS_MemIntegrityCheck 检测是否发生踩内存。

实现代码如下:

```
//第 3 章/MemIntegrityTest.c
# include < stdio.h >
# include < string.h >
# include "los_memory.h"
# include "los_config.h"
void MemIntegrityTest(void)
{
    /* 申请两个物理连续的内存块 */
    void * ptr1 = LOS_MemAlloc(LOSCFG_SYS_HEAP_ADDR, 8);
    void * ptr2 = LOS_MemAlloc(LOSCFG_SYS_HEAP_ADDR, 8);
    /* 第 1 个节点内存块的大小是 8 字节,那么 12 字节的清零,会踩到第 2 个内存节点的节点头,构造
踩内存场景 */
    memset(ptr1, 0, 8 + 4);
    LOS_MemIntegrityCheck(LOSCFG_SYS_HEAP_ADDR);
}
```

编译运行后输出的 log 如下:

```
[ERR][OsMemMagicCheckPrint],2028,memorycheckerror!            /* 提示信息,检测到哪个字段被破坏
memoryusedbutmagicnumwrong,magicnum = 0x00000000                 了,用例构造了将下个节点的前 4 字
                                                                节清零,即魔鬼数字字段 */


brokennodehead:0x20003af00x000000000x80000020,prevnodehead:0x20002ad40xabcddcba0x80000020
/* 被破坏节点和其前节点关键字段信息分别为其前节点地址、节点的魔鬼数字、节点的 sizeAndFlag;
可以看出被破坏节点的魔鬼数字字段被清零,符合用例场景 */


brokennodeheadLRinfo:                        /* 节点的 LR 信息需要开启内存检测功能才能有效输出 */
LR[0]:0x0800414e
LR[1]:0x08000cc2
LR[2]:0x00000000

prenodeheadLRinfo:                           /* 通过 LR 信息,可以在汇编文件中查
                                                找前节点是在哪里申请的,然后排
                                                查其使用的准确性 */

LR[0]:0x08004144
LR[1]:0x08000cc2
LR[2]:0x00000000
[ERR]Memoryinteritycheckerror,curnode:0x20003b10,prenode:0x20003af0
                                             /* 被破坏节点和其前节点的地址 */
```

3.8　本章小结

　　本章主要介绍了内核的主要功能,同时对代码实现中用到的重要数据结构——双向链表进行了介绍,最后介绍了内核调测的相关内容。

第4章

移 植 适 配

本章在简单介绍鸿蒙应用程序的一些基本概念后,将详细描述创建一个在屏幕上打印 Hello World 的鸿蒙应用程序的步骤,并剖析该程序的基本结构。最后,介绍如何运行和调试鸿蒙应用程序。

轻量和小型系统的开发有以下两种方法:

(1) 用 Windows 环境进行开发和烧录,使用 Linux 环境进行编译。

(2) 统一使用 Linux 环境进行开发、编译和烧录。

开发者可根据使用习惯选择合适的开发方法。本章将介绍第 2 种方法,下面的所有操作均在 Linux 环境下进行。本书选取红莓 RK2206 开发板进行开发,RK2206 开发板的具体外观和规格可参见本书附录,开发者可根据自己的需要进行购买。

4.1 芯片移植指导

本节主要介绍芯片移植的一些要求、注意事项和准备工作。

4.1.1 移植准备

1. 移植须知

本节为 OpenHarmony 平台系统开发人员和芯片(或模组)制造商提供基础的开发移植指导,典型的芯片架构例如 Cortex-M 系列、RISC-V 系列等都可以进行移植,暂时不支持蓝牙服务。OpenHarmony 是个持续演进的复杂项目,随着版本和 API 的改变,将会不断更新。读者需具有一定的嵌入式系统开发经验,因此本节的重点为描述 OpenHarmony 平台在移植过程中的主要操作和所需要关注的方面。

1) 移植目录

OpenHarmony 整体工程较为复杂,目录及实现为系统本身功能,如果不涉及复杂的特性增强,则不需要关注每层实现,在移植过程中需重点关注的目录如表 4-1 所示。

表 4-1　在移植过程中的重点目录

目 录 名 称	描　　述
/build/lite	OpenHarmony 基础编译构建框架
/kernel/liteos_m	基础内核,其中芯片架构的相关实现在 arch 目录下

续表

目 录 名 称	描　　述
/device	板级相关实现,第三方厂商按照 OpenHarmony 规范适配实现,device 下的具体目录结构及移植过程参见板级系统移植
/vendor	产品级相关实现,主要由华为公司或者产品厂商贡献

device 目录规范为 device/{芯片解决方案厂商}/{开发板}。以 hisilicon 的 hispark_taurus 为例:

```
device
└──hisilicon            #芯片解决方案厂商名
├──common              #芯片解决方案开发板公共部分
└──hispark_taurus      #开发板名称
├──BUILD.gn            #开发板编译入口
├──hals                #芯片解决方案厂商操作系统硬件适配
├──linux               #Linux 版本
│  └──config.gni       #Linux 版本编译工具链和编译选项配置
└──liteos_a            #LiteOS－A 版本
   └──config.gni       #LiteOS－A 版本编译工具链和编译选项配置
```

vendor 目录规范为 vendor/{产品解决方案厂商}/{产品名称}。以华为公司的 wifiiot 产品为例:

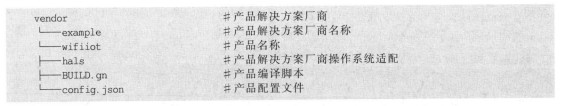

```
vendor                  #产品解决方案厂商
└──example             #产品解决方案厂商名称
└──wifiiot             #产品名称
├──hals                #产品解决方案厂商操作系统适配
├──BUILD.gn            #产品编译脚本
└──config.json         #产品配置文件
```

2) 移植流程

OpenHarmony 的 device 目录是基础芯片的适配目录,如果在第三方芯片应用过程中发现该目录下已经有完整的芯片适配,则不需要额外移植,直接跳过移植过程进行系统应用开发即可;如果该目录下无对应的芯片移植实现,则应根据本节完成移植过程。OpenHarmony 第三方芯片移植的主要过程如图 4-1 所示。

3) 移植规范

满足 OpenHarmony 开源贡献基本规范和准则。第三方芯片适配所需要贡献的代码主要在 device、vendor 和 arch 三个目录中,参照内核目录规范和板级目录规范以满足基本目录命名和使用规范。

2. 编译构建

首先,创建开发板目录,以芯片解决方案厂商 REALTEK 的 RTL8720 开发板为例,需创建 device/realtek/rtl8720 目录,编译相关的适配步骤如下。

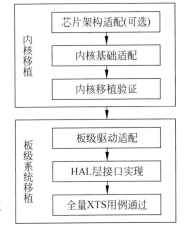

图 4-1　芯片移植的主要过程

1）编译工具链和编译选项配置

构建系统默认使用 ohos-clang 编译工具链,也支持芯片解决方案厂商按开发板自定义配置。开发板编译配置文件相关的变量如下。

kernel_type:开发板使用的内核类型,例如"liteos_a"、"liteos_m"、"linux"。

kernel_version:开发使用的内核版本,例如"4.19"。

board_cpu:开发板的 CPU 类型,例如"cortex-a7"、"riscv32"。

board_arch:开发芯片 arch,例如"armv7-a"、"rv32imac"。

board_toolchain:开发板自定义的编译工具链名称,例如"gcc-arm-none-eabi",若为空,则默认为 ohos-clang。

board_toolchain_prefix:编译工具链前缀,例如"gcc-arm-none-eabi"。

board_toolchain_type:编译工具链类型,目前支持 gcc 和 clang,例如"gcc"、"clang"。

board_cflags:开发板配置的 c 文件编译选项。

board_cxx_flags:开发板配置的 cpp 文件编译选项。

board_ld_flags:开发板配置的链接选项。编译构建会按产品选择的开发板加载对应的 config.gni,该文件中变量对系统组件全局可见。

以芯片解决方案厂商 REALTEK 的 RTL8720 开发板为例,device/realtek/rtl8720/liteos_m/ 中 config.gni 文件的内容如下:

```
# kerneltype, e. g. "linux", "liteos_a", "liteos_m"
kernel_type = "liteos_m"
# kernelversion
kernel_version = "3. 0. 0"
# BoardCPUtype, e. g. "cortex - a7", "riscv32"
board_cpu = "real - m300"
# Boardarch, e. g. "armv7 - a", "rv32imac"
board_arch = ""
# Toolchainnameusedforsystemcompiling.
# E. g. gcc - arm - none - eabi, arm - linux - harmonyeabi - gcc, ohos - clang, riscv32 - unknown - elf
# Note: Thedefaulttoolchainis "ohos - clang". It'snotmandatoryifyouusethedefaulttoochain
board_toolchain = "gcc - arm - none - eabi"
# Thetoolchainpathinstatlled, it'snotmandatoryifyouhaveaddedtoolchianpathtoyour~/.bashrc
board_toolchain_path =
rebase_path("//prebuilts/gcc/linux - x86/arm/gcc - arm - none - eabi/bin",
root_build_dir)
# Compilerprefix
board_toolchain_prefix = "gcc - arm - none - eabi - "
# Compilertype, "gcc"or"clang"
board_toolchain_type = "gcc"
# Boardrelatedcommoncompileflags
board_cflags = []
board_cxx_flags = []
board_ld_flags = []
```

2）开发板编译脚本

新增的开发板,目录下需要新增 BUILD.gn 文件作为开发板编译的总入口。以芯片解决方案厂商 REALTEK 的 RTL8720 开发板为例,对应的 device/realtek/rtl8720/BUILD.gn

如下:

```
group("rtl8720"){...}
```

3）编译调试开发板

在任意目录下执行 hbset，并按提示设置源码路径和要编译的产品。在开发板目录下执行 hbbuild，即可启动开发板的编译。

3. 产品配置信息

编译调试产品将开发板和组件信息写入产品配置文件，该配置文件字段说明如下。

（1）product_name：产品名称，支持自定义，建议与 vendor 下的三级目录名称一致。

（2）ohos_version：OpenHarmony 版本号，应与实际下载的版本一致。

（3）device_company：芯片解决方案厂商名称，建议与 device 的二级目录名称一致。

（4）board：开发板名称，建议与 device 的三级目录名称一致。

（5）kernel_type：内核类型，应与开发板支持的内核类型匹配。

（6）kernel_version：内核版本号，应与开发板支持的内核版本匹配。

（7）subsystem：产品选择的子系统，应为操作系统支持的子系统，操作系统支持的子系统参见 build/lite/components 目录下的各子系统描述文件。

（8）components：产品选择的某个子系统下的组件，应为某个子系统支持的组件，子系统支持的组件参见 build/lite/components/子系统.json 文件。

（9）features：产品配置的某个组件的特性，组件支持的特性参见 build/lite/components/子系统.json 文件中对应组件的 features 字段。

以基于 RTL8720 开发板的 wifiiot 模组为例，代码如下:

```
//第 4 章/config.json
{
    "product_name": "wifiiot",                          ＃产品名称
    "ohos_version": "OpenHarmony1.0",                   ＃使用的操作系统版本
    "device_company": "realtek",                        ＃芯片解决方案厂商名称
    "board": "rtl8720",                                 ＃开发板名称
    "kernel_type": "liteos_m",                          ＃选择的内核类型
    "kernel_version": "3.0.0",                          ＃选择的内核版本
    "subsystems": [
        {
            "subsystem": "Kernel",                      ＃选择的子系统
    "components": [
            { "component": "liteos_m", "features": [] }
                ＃选择的组件和组件特性
    ]
},
    ...
{
    更多子系统和组件
}
    ]
    }
```

4.1.2 内核移植

1. 移植概述

芯片架构适配是可选过程,如果在 liteos_m/arch 目录下已经支持对应芯片架构,则可以跳过芯片架构适配,进行单板适配过程;否则需要进行芯片架构移植工作。

1)目录规范

模组芯片使用的内核为 LiteOS-M,LiteOS-M 主要分为 KAL、Components、Kernel 和 Utils 共 4 个模块。KAL 模块作为内核对外的接口,依赖 Components 模块和 Kernel 模块。Components 模块可插拔,依赖 Kernel 模块。

在 Kernel 模块中,硬件相关的代码放在 Kernel 的 arch 目录中,其余为硬件无关的代码。内核功能集(task、sem 等)的实现依赖硬件相关的 arch 代码,例如任务上下文切换、原子操作等。

Utils 模块作为基础代码块,被其他模块依赖,如图 4-2 所示。

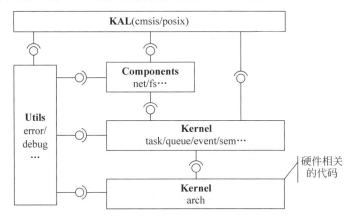

图 4-2　LiteOS-M 内核模块图

内核的目录结构和说明如下:

```
├──components --- 移植可选组件,依赖内核,单独对外提供头文件
├──kal --- 内核抽象层,提供内核对外接口,当前支持 cmsis 接口和部分 posix 接口
├──kernel --- 内核最小功能集代码
│  ├──arch --- 内核指令架构层代码
│  │  ├──arm --- ARM32 架构的代码
│  │  │  ├──cortex-m3 --- Cortex-M3 架构的代码
│  │  │  │  ├──iar --- IAR 编译工具链实现
│  │  │  │  ├──keil --- Keil 编译工具链实现
│  │  │  │  └──xxx --- xxx 编译工具链实现
│  │  │  └──cortex-m4 --- Cortex-M4 架构的代码
│  │  │     ├──iar --- IAR 编译工具链实现
│  │  │     ├──keil --- Keil 编译工具链实现
│  │  │     └──xxx --- xxx 编译工具链实现
│  │  ├──include --- 所有的 arch 需要实现的函数定义,内核依赖
│  │  └──risc-v --- RISC-V 架构
│  │     └──gcc --- GCC 编译工具链实现
│  ├──include --- 内核最小功能集代码
│  └──src --- 内核最小功能集代码
└──utils --- 基础代码,作为依赖的最底层,被系统依赖
```

2）芯片架构适配点

如内核的目录结构所示，arch/include 用于定义通用的芯片架构所需要实现的函数，另外芯片架构相关的代码会有部分汇编代码，而汇编代码会因编译工具链的不同而不同，因此在具体的芯片架构下，还包含不同工具链（IAR、Keil、GCC 等）的实现。

arch/include 目录用于定义通用的文件及函数列表，该目录下的所有函数在新增 arch 组件时都需要适配，详见每个头文件。

（1）los_arch.h：定义芯片架构初始化所需要的函数。

（2）los_atomic.h：定义芯片架构所需要实现的原子操作函数。

（3）los_context.h：定义芯片架构所需要实现的任务上下文相关函数。

（4）los_interrupt.h：定义芯片架构所需要实现的中断和异常相关的函数。

（5）los_timer.h：定义芯片架构所需要实现的系统时钟相关的函数。

2．内核基础适配

芯片架构适配完成后，LiteOS-M 会提供系统运行所需的系统初始化流程和定制化配置选项。在移植过程中，需要关注初始化流程中跟硬件配置相关的函数；只有了解内核配置选项，才能裁剪出适合单板的最小内核。

1）基础适配

基础适配主要分为以下两步：第 1 步，启动文件 startup.s 和相应链接配置文件；第 2 步，在 main.c 文件中实现串口初始化和 tick 中断注册，如图 4-3 所示。

启动文件 startup.s 需要确保中断向量表的入口函数（例如 reset_vector）放在 RAM 的首地址，它由链接配置文件指定，其中 IAR、Keil 和 GCC 工程的链接配置文件分别为 xxx.icf、xxx.sct 和 xxx.ld。如果 startup.s 已经完成系统时钟初始化，并且能够引导到 main()函数，则启动文件不需要进行修改，采用厂商自带的 startup.s 即可；否则需要在 main.c 文件中关注串口初始化 UartInit 和系统 Tick 的 handler 函数注册。

UartInit 函数表示单板串口的初始化，具体的函数名根据单板自行定义。这个函数是可选的，用户可以根据硬件单板是否支持串口自行选择调用该函数。如果硬件单板支持串口，则该函数需要完成使能串口 TX 和 RX 通道，设置波特率。

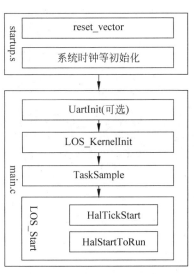

图 4-3　启动流程

HalTickStart 设置 Tick 中断的 handler 函数 OsTickHandler。对于中断向量表不可重定向的芯片，需要关闭 LOSCFG_PLATFORM_HWI 宏，并且在 startup.s 中新增 Tick 中断的 handler 函数。

2）特性配置项

liteos_m 的完整配置能力及默认配置在 los_config.h 中定义，该头文件中的配置项可以根据不同的单板进行裁剪配置。如果针对这些配置项需要进行不同的板级配置，则可将对应的配置项直接定义到对应单板的 device/xxxx/target_config.h 文件中,其他未定义的配置项,采用 los_config.h 文件中的默认值。一个典型的配置参数说明如表 4-2 所示。

表 4-2　一个典型的配置参数说明

配　置　项	说　　明
LOSCFG_BASE_CORE_SWTMR	软件定时器特性开关,1 表示打开;0 表示关闭
LOSCFG _ BASE _ CORE _ SWTMR _ALIGN	对齐软件定时器特性开关,1 表示依赖软件定时器特性打开;0 表示关闭
LOSCFG_BASE_IPC_MUX	mux 功能开关,1 表示打开;0 表示关闭
LOSCFG_BASE_IPC_QUEUE	队列功能开关,1 表示打开;0 表示关闭
LOSCFG_BASE_CORE_TSK_LIMIT	除 idle task 外,总的可用 Task 个数限制,可以根据业务使用的 Task 个数来配置,也可以设置一个较大的值,待业务稳定后查看运行 Task 的个数进行配置
LOSCFG_BASE_IPC_SEM	信号量功能开关,1 表示打开;0 表示关闭
LOSCFG_PLATFORM_EXC	异常特性开关,1 表示打开;0 表示关闭
LOSCFG_kernel_PRINTF	打印特性开关,1 表示打开;0 表示关闭

3. 内核移植验证

在工程 device 目录下添加编译 main.c 示例程序文件,此示例程序的主要目的是在 LOS_KernelInit 完成后创建两个任务,循环调度延时并打印日志信息,通过此方法可以验证系统是否可正常调度及时钟是否正常,代码如下:

```
//第 4 章/TaskSampleEntry2.c
VOID TaskSampleEntry2(VOID)              //任务 2 的入口函数
{
   while (1)
   {
     LOS_TaskDelay(10000);
     printf("taskSampleEntry2running...\n");
   }
}


VOID TaskSampleEntry1(VOID)              //任务 1 的入口函数
{
   while (1)
   {
     LOS_TaskDelay(2000);
     printf("taskSampleEntry1running...\n");
   }
}
UINT32 TaskSample(VOID)
{
   UINT32uwRet;
   UINT32taskID1, taskID2;
   TSK_INIT_PARAM_SstTask1 = {0};
   stTask1.pfnTaskEntry = (TSK_ENTRY_FUNC)TaskSampleEntry1;
   stTask1.uwStackSize = 0X1000;
   stTask1.pcName = "taskSampleEntry1";
   stTask1.usTaskPrio = 6;                 //stTask1 的任务优先级设定,不同于 stTask2
```

```
uwRet = LOS_TaskCreate(&taskID1, &stTask1);

stTask1.pfnTaskEntry = (TSK_ENTRY_FUNC)TaskSampleEntry2;
stTask1.uwStackSize = 0X1000;
stTask1.pcName = "taskSampleEntry2";
stTask1.usTaskPrio = 7;
uwRet = LOS_TaskCreate(&taskID2, &stTask1);

returnLOS_OK;
}
LITE_OS_SEC_TEXT_INITint main(void)
{
    UINT32ret;
    UartInit();        //硬件串口配置,通过串口输出调试日志,实际函数名根据单板实现的不同而不同
    printf("\n\rhelloworld!!\n\r");
    ret = LOS_KernelInit();
    TaskSample();
    if (ret == LOS_OK)
    {
        LOS_Start();                //开始系统调度,循环执行 stTask1/stTask2 任务,串口输出任务日志
    }
    while (1)
    {
        __asmvolatile("wfi");
    }
}
```

第 1 个任务运行正常后,说明最小系统的核心流程基本可正常运行。由于 xts 用例框架对外依赖较多,主要是 Utils、Bootstrap 的链接脚本和编译框架,暂时无法支撑内核单独运行XTS。此处略过内核测试套的测试,可以通过 XTS 测试套来覆盖最小系统是否已完整移植成功。

4.2　板级适配

板级系统编译适配可参考编译系统介绍,板级相关的驱动、SDK、目录、HAL 实现存放在device 目录,目录结构和具体描述如下:

```
├──device --- 单板样例
│  └──xxx ---<单板厂商名>
│      └──xxx ---<单板名>,里面包含 LiteOS-M 内核能够运行的 demo
│      ├──BUILD.gn --- 定义单板的编译配置文件
│      ├──board --- 板子特定的实现(可选,如果本单板直接提供产品级 demo,则相关应用层实现放在此
目录)
│      ├──liteos_m --- 根据 BUILD.gn 文件中的 kernel_type 使用 liteos_m 内核
│      │   └──config.gni --- 编译选项
│      ├──libraries --- 板级 SDK
│      │   └──include --- SDK 提供对外头文件
│      │   └──... --- binaryorsource
│      ├──main.c --- main 函数入口(如果产品级配置存在相同定义,则使用产品级配置)
│      ├──target_config.h --- 板级内核配置
│      ├──project --- 单板级工程配置文件(如果产品级配置存在相同定义,则使用产品级配置)
```

```
|   └──adapter --- 单板适配上层应用组件的适配层接口,根据能力可选
|   └──hals
|   ├──communication
|   |   └──wifi_lite
|   |   ├──...
|   └──iot_hardware
|   ├──upgrade
|   ├──utils
|   └──wifiiot_lite
├──vendor --- 提供端到端的 OpenHarmony 特性产品样例
|   └──huawei --- 厂商名字
|   └──wifiiot --- wifiiot 表示特性产品
|   ├──app
|   |   └──main.c --- 产品的 main 函数入口
|   ├──project --- 工程配置文件
|   ├──BUILD.gn --- 工程编译入口
|   └──config.json --- 定义产品的编译配置文件,配置产品所使用的组件等
└──out --- 编译过程中的输出目录
├──... --- 单板/产品编译产生的 bin 等
```

最小系统移植完成后,下一步进行板级系统移植,板级系统移植过程如图 4-4 所示。

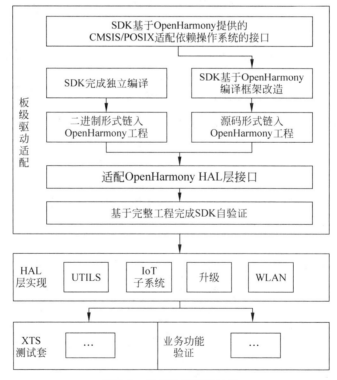

图 4-4　板级系统移植过程

接下来根据流程图中的移植适配流程进行介绍。

4.2.1 板级驱动适配

SDK 基于 OpenHarmony 提供的 CMSIS/POSIX 适配依赖操作系统的接口。板级 SDK 适配操作系统接口有两种选择:CMSIS、POSIX。当前 LiteOS_M 已经适配 CMSIS 大部分接口(基础内核管理、线程管理、定时器、事件、互斥锁、信号量、队列等),基本可以满足直接移植,POSIX 接口当前具备初步的移植能力,接口正在补全中。如果 SDK 原本基于 CMSIS 或者 POSIX 接口实现,理论上则可以直接适配到 LiteOS_M 中。

若 SDK 原本基于 freeRTOS 等其他嵌入式操作系统或者本身有一层 OSinterface 的抽象层,则建议将依赖操作系统接口直接适配到 CMSIS 接口。例如,某产品定义的 OSinterface 接口,创建 queue 的接口原型:

```
bool osif_msg_queue_create(void ** pp_handle, uint32_tmsg_num, uint32_tmsg_size)
```

而 CMSIS 提供的接口原型如下:

```
osMessageQueueId_tosMessageQueueNew(uint32_tmsg_count, uint32_tmsg_size, constosMessageQueueAttr_t
* attr);
```

对应的 OSinterface 接口的原型可以按照如下适配:

```
//第 4 章/OSinterface.c
#include "CMSIS_os2.h"
osMessage  QueueId _ tosMessageQueueNew ( uint32 _ tmsg _ count, uint32 _ tmsg _ size,
constosMessageQueueAttr_t * attr);
boolosif_msg_queue_create(void ** pp_handle, uint32_tmsg_num, uint32_tmsg_size)
{
    (* pp_handle) = osMessageQueueNew(msg_num, msg_size, NULL);
    if ((* pp_handle) == NULL)
    {
        return FALSE;
    }
    return TRUE;
}
```

解决接口 SDK 编译问题或者基于 OpenHarmony 编译框架改造 SDK 的方法是将 SDK 按照目录结构要求合入 OpenHarmony 的 device 目录中。操作系统接口适配后,将板级驱动集成到 OpenHarmony 也存在两种选择:

(1) SDK 独立编译,通过二进制形式直接链入 OpenHarmony。

(2) SDK 基于 OpenHarmony 改造编译框架,从长期演进及后期联调便利性角度考虑,建议基于 GN 编译框架直接改造 SDK 编译框架,通过源码形式链入 OpenHarmony 工程。

4.2.2 HAL 层实现

HAL 层的主要功能是实现轻 OpenHarmony 与芯片的解耦,以下模块描述的是轻 OpenHarmony 系统对芯片接口的依赖情况。

公共基础提供通用的基础组件,这些基础组件可被各业务子系统及上层应用所使用。基础组件依赖芯片文件系统实现,需要芯片平台提供实现文件的打开、关闭、读写、获取大小等功能。需要芯片适配相关接口的实现,对芯片文件系统接口的依赖可参考 utils 的 HAL 头文件。

IoT 外围设备子系统提供轻 OpenHarmony 专有的外围设备操作接口。本模块提供的设备操作接口有 FLASH、GPIO、I²C、PWM、UART、WATCHDOG 等。需要芯片适配相关接口的实现，对芯片外围设备接口的依赖可参考 IoT 外围设备子系统的 HAL 头文件。

4.2.3 WLAN 服务基本介绍

WLAN 服务适用于设备接入 WLAN 无线局域网场景，包括使用 STA 模式作为接入方接入其他设备、路由器开启的 WLAN 无线局域网接入点；使用 AP 模式，开启无局域网接入点，允许其他设备连接。借助 WLAN 服务，开发者可以实现对系统中 WLAN 的控制，包括开启关闭、扫描发现、连接断开等功能。

此外，WLAN 服务还包括事件 listen 功能，开发者可以 listen WLAN 的状态，并在状态发生变化时立刻感知。WLAN 服务 HAL 层接口代码路径及接口定义如下：

```
foundation/communication/interfaces/kits/wifi_lite/wifiservice/
├── station_info.h
├── wifi_device_config.h
├── wifi_device.h
├── wifi_error_code.h
├── wifi_event.h
├── wifi_hotspot_config.h
├── wifi_hotspot.h
├── wifi_linked_info.h
├── wifi_scan_info.h
具体的实现需要各厂家按照定义的接口在 vendor/***/***/***_adapter 中实现，例如 Hi3861 中具
体实现在 vendor/hisi/hi3861/hi3861_adapter/hals/communication/wifi_lite/wifiservice/
├── BUILD.gn
└── source
├── wifi_device.c
├── wifi_device_util.c
├── wifi_device_util.h
└── wifi_hotspot.c
```

需要芯片适配相关接口的实现，对芯片外围设备接口的依赖可参考 WLAN 服务的头文件。

4.2.4 系统组件调用

系统组件为上层应用提供基础能力，包括 SAMGR(系统服务框架子系统)、DFX 子系统等。板级系统在移植过程中可直接使用，不用对其进行适配。

(1) SAMGR 基于面向服务的架构，提供了服务开发、服务的子功能开发、对外接口的开发及多服务公共进程、进程间服务调用等开发能力。

💡**注意**：本组件在板级系统移植中必须使用，否则其他服务组件无法运行。SAMGR 使用说明可参考《SAMGR 使用指导》。

(2) DFX 子系统主要包含可靠性(Design for Reliability，DFR)和可测试性(Design for

Testability,DFT)特性,为开发者提供代码-维测信息。DFX 子系统使用说明可参考《DFX 子系统使用指导》。

4.2.5 LwIP 组件适配

LwIP 是一个小型开源的 TCP/IP 协议栈,LiteOS-M 已对开源 LwIP 做了适配和功能增强,LwIP 代码分为两部分:

(1) third_party/lwip 目录下是 LwIP 开源代码,里面只做了少量的侵入式修改,以适配增强功能。

(2) kernel/liteos_m/components/net/lwip-2.1 目录下是 LwIP 适配和功能增强代码,里面提供了 LwIP 的默认配置文件。

如果需要使用 LwIP 组件,则可按如下步骤适配:

(1) 在产品目录下新建一个目录,用来存放产品的适配文件,如 lwip_adapter。

(2) 在 lwip_adapter 目录下新建一个目录 include,用来存放适配的头文件。

(3) 在 include 目录下新建目录 lwip,并在 lwip 目录下新建头文件 lwipopts.h,代码如下:

```
#ifndef_LWIP_ADAPTER_LWIPOPTS_H_
#define_LWIP_ADAPTER_LWIPOPTS_H_
#include_next"lwip/lwipopts.h"
#undefLWIP_DHCP #defineLWIP_DHCP0          //关闭 DHCP 功能
#endif/ * _LWIP_ADAPTER_LWIPOPTS_H_ * /
```

如果默认配置不能满足产品使用,则可自行根据实际情况修改配置,如关闭 DHCP 功能。

(4) 将 kernel/liteos_m/components/net/lwip-2.1 目录下的 BUILD.gn 复制到 lwip_adapter 目录下,并按如下修改:

```
//第 4 章/BUILD.gn
import("//kernel/liteos_m/liteos.gni")
import(" $ LITEOSTHIRDPARTY/lwip/lwip.gni")
import(" $ LITEOSTOPDIR/components/net/lwip - 2.1/lwip_porting.gni")
module_switch = defined(LOSCFG_NET_LWIP_SACK)
module_name = "lwip"kernel_module(module_name){
sources = LWIP_PORTING_FILES + LWIPNOAPPSFILES - [" $ LWIPDIR/api/sockets.c"]
include_dirs = ["//utils/native/lite/include"]
}
#添加新的适配头文件路径 include
config("public"){
include_dirs = ["include"] + LWIP_PORTING_INCLUDE_DIRS + LWIP_INCLUDE_DIRS
}
```

(5) 在产品的配置文件(如 config.json)中设置 LwIP 的编译路径,即步骤(4)中 BUILD.gn 的路径。

```
//第 4 章/BUILD.gn
{
    "subsystem" : "kernel",
    "components" : [
```

```
            {"component" : "liteos_m", "features" : ["ohos_kernel_liteos_m_lwip_path = \"//xxx/
lwip_adapter\""]}
        ]
    }
```

（6）在产品的内核编译配置文件中，如 kernel_config/Debug.config，打开编译 LwIP 的开关。

```
LOSCFG_NET_LWIP = y
```

4.2.6　第三方组件适配

若需要使用 third_party 目录下与产品相关的第三方组件，则可能需要对第三方组件进行适配。下面以比较常用的 mbedtls 为例，介绍适配步骤，本节仅介绍如何将适配的代码与 OpenHarmony 的编译框架融合，mbedtls 本身的原理和适配代码的具体逻辑可参考 mbedtls 官方网站上的适配指南。

（1）根据 mbedtls 官网的适配指南，编写需要的适配层代码，以适配硬件随机数举例（下面的路径都是相对 third_party/mbedtls 的路径）。将 include/mbedtls/config.h 复制到 ports 目录下，并修改打开 MBEDTLS_ENTROPY_HARDWARE_ALT 开关。在 ports 目录下创建 entropy_poll_alt.c 文件 include 并实现 entropy_poll.h 文件中的硬件随机数接口。在 BUILD.gn 中的 mbedtls_sources 中增加刚才适配的 entropy_poll_alt.c 的路径。在 BIULD.gn 中的 lite_library("mbedtls_static")中增加一行 MBEDTLS_CONFIG_FILE 以指定新配置文件的位置，代码如下：

```
lite_library("mbedtls_static"){
    ...
    defines += ["MBEDTLS_CONFIG_FILE=<../port/config.h>"]
    ...
}
```

💡注意：最好新建一个 config 或者 xxx_alt.c 文件进行修改，不要直接在原先的代码中修改，侵入式的修改会导致后续版本升级时出现大量零散冲突，增加升级维护成本。

（2）由于以上的适配与硬件相关，当添加库代码时，不能直接放到通用的 third_party/mbedtls 目录中，因此需要将以上的修改制作成 patch，在编译之前通过打开 patch 的方式注入代码中。首先增加设备的 patch 配置文件 device/<company>/<board>/patch.yml。编辑 device/<company>/<board>/patch.yml，增加要打开的 patch 的信息（需要打开 patch 的路径，路径均为相对代码根目录的路径）。

```
third_party/mbedtls:
# 该路径下需要打开的 patch 存放路径
- device/< company >/< board >/third_party/mbedtls/adapter.patch
third_party/wpa_supplicant:
# 当一个路径下有多个 patch 时会依次执行 patch
- device/< company >/< board >/third_party/wpa_supplicant/xxxxx.patch
- device/< company >/< board >/third_party/wpa_supplicant/yyyyy.patch
...
```

将第(1)步修改的 patch 放到对应的目录中。

（3）想要使用带 patch 的编译仅需要在触发编译时加上--patch，其他步骤不变，例如，全编译的命令编程如下：

```
hb build - f -- patch
```

💡**注意**：最后一次打开 patch 的产品信息会被记录，在进行下一次编译操作时会对上一次的 patch 进行回退（执行 patch-p1-R<xxx），当回退 patch 失败或新增 patch 失败时均会终止编译过程，需解决 patch 冲突后再次尝试编译。

4.2.7 XTS 认证

XTS 是 OpenHarmony 生态认证测试套件的集合，当前包括 acts（Application Compatibility Test Suite，应用兼容性测试套件）。test/xts 仓当前包括 acts 与 tools 软件包。

（1）acts：存放 acts 相关测试用例源码与配置文件，其目的是帮助终端设备厂商尽早发现软件与 OpenHarmony 的不兼容性，确保软件在整个开发过程中满足 OpenHarmony 的兼容性要求。

（2）tools：存放 acts 相关测试用例开发框架。

XTS 的启动依赖 SAMGR 系统服务，适配分为两步。

（1）将 XTS 认证子系统加入编译组件中。

（2）执行连接类模组 acts 测试用例。

接下来以 XTS 认证子系统加入 hispark_aries 产品编译组件为例介绍实现步骤。

（1）在 vendor/hisilicon/hispark_aries/config.json 文件中加入 XTS 认证子系统定义，代码如下：

```
{
    "subsystem": "test",
        "components": [
            { "component": "xts_acts", "features": [] },
            { "component": "xts_tools", "features": [] }
        ]
},
```

（2）Debug 版本触发 XTS 认证子系统编译。

以 hispark_aries 产品执行连接类模组 acts 测试用例为例。首先需在如下目录中获取版本镜像：out/hispark_pegasus/wifiiot_hispark_pegasus/。

然后，判断当前版本镜像是否集成 acts 测试用例。在 map 文件中查看对应的.a 是否被编译。将版本镜像烧录进开发板，测试步骤如下：

（1）使用串口工具登录开发板，并保存串口打印信息。

（2）重启设备，查看串口日志。

测试结果分析指导：

（1）基于串口打印日志进行分析。

（2）每个测试用例的执行以 Starttoruntestsuite 开始，以 xxTestsxxFailuresxxIgnored 结束。

4.3 常见问题

如何将用户的堆内存挂载进内核是一个常见的问题。内核堆内存配置的相关宏如表 4-3 所示，可根据实际情况，在 target_config.h 文件中配置。

表 4-3 内核堆内存配置相关宏

宏 名 称	描 述
LOSCFG _ SYS _ EXTERNAL _HEAP	决定系统是使用内核的内部堆内存，还是使用用户的堆内存，默认为 0（使用内部的堆内存），大小为 $0x10000$；如果用户需要基于外部的堆内存，则可以将该宏设置为 1
LOSCFG_SYS_HEAP_ADDR	内核堆内存的起始地址
LOSCFG_SYS_HEAP_SIZE	内核堆内存的大小，即 LOSCFG_SYS_HEAP_ADDR 指定的内存块大小

💡注意：指定的堆内存范围务必保证没有其他模块使用，避免踩内存，破坏堆内存功能。

4.4 本章小结

本章主要介绍了适配移植的流程，包括芯片移植和板级功能的适配，以及常见问题的解答。

4.5 课后习题

（1）请简述芯片移植的准备。

（2）请简述芯片移植构建适配的流程。

（3）请简述内核基础移植适配的过程。

（4）请简述 HAL 层的实现过程。

（5）请简述 LwIP 组件适配的过程。

（6）请简述如何进行 XTS 系统认证。

第 5 章

IoT 组件开发

本章将介绍关于 IoT 组件开发的内容,主要探讨物联网开发相关的基础外围设备的原理及实现,包含串口、SPI、I²C 等常见的通信协议,以及 GPIO、PWM 等外围设备。OpenHarmony 提供了一些常用的外围设备驱动模块,如 UART、SPI、I²C 等,以及针对某些特定芯片或板子的驱动适配模块,如 Hi3861 芯片的外围设备驱动模块。这些模块可以方便开发者直接使用,减少开发和调试的工作量。

5.1 GPIO

5.1.1 简介

通用型输入输出(General-Purpose Input Output,GPIO)控制器通过分组的方式管理所有 GPIO 引脚,每组 GPIO 有一个或多个寄存器与之关联,通过读写寄存器完成对 GPIO 引脚的操作。GPIO 接口定义了操作 GPIO 引脚的标准方法集合。

(1)设置引脚方向:方向可以是输入或者输出(暂不支持高阻态)。

(2)读写引脚电平值:电平值可以是低电平或高电平。

(3)设置引脚中断服务函数:设置一个引脚的中断响应函数,以及中断触发方式。

(4)使能和禁止引脚中断:禁止或使能引脚中断。

5.1.2 GPIO 相关寄存器

RK2206 共有 2 组 GPIO 寄存器,如表 5-1 所示。各组各有 A、B、C、D 共 4 个寄存器,寄存器的功能如下:

(1)IOMUX 控制寄存器。

(2)控制 GPIO 在关机状态。

(3)控制 GPIO 引脚在上拉或下拉的状态。

(4)用于系统控制。

(5)用于记录系统状态。

表 5-1　GPIO 寄存器

寄 存 器	偏移	大小	默认值	功 能
GREGPIO0AIOMUX_L	0x0000	字	0x00000066	GPIO0A 选择寄存器低 4 位
GREGPIO0AIOMUX_H	0x0004	字	0x00000000	GPIO0A 选择寄存器高 4 位
GREGPIO0BIOMUX_L	0x0008	字	0x00000555	GPIO0B 选择寄存器低 4 位
GREGPIO0BIOMUX_H	0x000C	字	0x00000000	GPIO0B 选择寄存器高 4 位
GREGPIO0CIOMUX_L	0x0010	字	0x00000000	GPIO0C 选择寄存器低 4 位
GREGPIO0CIOMUX_H	0x0014	字	0x00000000	GPIO0C 选择寄存器高 4 位
GREGPIO0DIOMUX_L	0x0018	字	0x00000000	GPIO0D 选择寄存器低 4 位
GREGPIO0DIOMUX_H	0x001C	字	0x00000000	GPIO0D 选择寄存器高 4 位
GREGPIO1AIOMUX_L	0x0020	字	0x00000000	GPIO1A 选择寄存器低 4 位
GREGPIO1AIOMUX_H	0x0024	字	0x00000000	GPIO1A 选择寄存器高 4 位
GREGPIO1BIOMUX_L	0x0028	字	0x00000000	GPIO1B 选择寄存器低 4 位
GREGPIO1BIOMUX_H	0x002C	字	0x00000000	GPIO1B 选择寄存器高 4 位
GREGPIO1CIOMUX_L	0x0030	字	0x00000000	GPIO1C 选择寄存器低 4 位
GREGPIO1CIOMUX_H	0x0034	字	0x00000000	GPIO1C 选择寄存器高 4 位
GREGPIO1DIOMUX_L	0x0038	字	0x00000000	GPIO1D 选择寄存器低 4 位
GREGPIO1DIOMUX_H	0x003C	字	0x00000000	GPIO1D 选择寄存器高 4 位

GRF_GPIO0A_IOMUX_L 寄存器的描述如表 5-2 所示。

表 5-2　GRF_GPIO0A_IOMUX_L 寄存器的描述

位	属性	默认值	描 述
31:16	读/写	0x0000	写使能,低 16 位写使能,每位独立对应该引脚的写使能 1'b0:写无效 1'b1:写有效
15:12	读/写	0x0000	GPIO0a3_sel 寄存器 4'b0000:GPIO0_A3_u 4'b0001:LCD_CSN 4'b0010:CIF_VSYNC 4'b0011:I2C1_SCL_M2 4'b0100:TKEY15 4'b0101:PMU_Debug 4'b0110:PMU_STATE1 4'b0111:AONJTAG_TDO 4'b1000:DSPJTAG_TDO 4'b1001:BT_MBSY 其他:保留

续表

位	属性	默认值	描　　述
11:8	读/写	0x0000	gpio0a2_sel 4'b0000:GPIO0_A2_u 4'b0001:LCD_RS 4'b0010:CIF_HREF 4'b0011:I2C1_SDA_M2 4'b0100:TKEY14 4'b0101:TKEY_DRIVE_M3 4'b0110:PMU_STATE0 4'b0111:AONJTAG_TDI 4'b1000:DSPJTAG_TDI 4'b1001:BT_CONFIRM 4'b1010:BT_PTI_0 其他:保留
7:4	读/写	0x0000	gpio0a1_sel 4'b0000:GPIO0_A1_u 4'b0001:LCD_D1 4'b0010:CIF_D1 4'b0011:I2C0_SCL_M2 4'b0100:TKEY13 4'b0101:M0_WFI 4'b0110:M4F_JTAG_TMS 4'b0111:M0_JTAG_TMS 4'b1000:AONJTAG_TMS 4'b1001:DSPJTAG_TMS 其他:保留
3:0	读/写	0x0000	gpio0a0_sel 4'b0000:GPIO0_A0_u 4'b0001:LCD_D0 4'b0010:CIF_D0 4'b0011:I2C0_SDA_M2 4'b0100:TKEY12 4'b0101:M4F_WFI 4'b0110:M4F_JTAG_TCK 4'b0111:M0_JTAG_TCK 4'b1000:AONJTAG_TCK 4'b1001:DSPJTAG_TCK 其他:保留

GRF_GPIO0A_IOMUX_H 寄存器的描述,如表 5-3 所示。

表 5-3　GRF_GPIO0A_IOMUX_H 寄存器的描述

位	属性	默认值	描　　述
31:16	读/写	0x0000	写使能,高 16 位写使能,每位独立对应该引脚的写使能 1'b0:写无效 1'b1:写有效
15	只读	0x0	保留
14:12	读/写	0x0000	gpio0a7_sel 3'b000:GPIO0_A7_d 3'b001:LCD_D3 3'b010:CIF_D3 3'b011:UART1_TX_M1 3'b100:PDM_CLK_S_M0 3'b101:TKEY19 3'b110:TEST_CLKOUT 3'b111:CODEC_DAC_DL_M1
11	只读	0x0	保留
10:8	读/写	0x0000	gpio0a6_sel 3'b000:GPIO0_A6_d 3'b001:LCD_D2 3'b010:CIF_D2 3'b011:UART1_RX_M1 3'b100:PDM_SDI_M0 3'b101:TKEY18 3'b110:PMU_STATE4 3'b111:CODEC_ADC_D_M1
7:4	读/写	0x0000	gpio0a5_sel 4'b0000:GPIO0_A5_d 4'b0001:LCD_WRN 4'b0010:CIF_CLKIN 4'b0011:UART1_RTSN_M1 4'b0100:PDM_CLK_M0 4'b0101:TKEY17 4'b0110:PMU_STATE3 4'b0111:CODEC_SYNC_M1 4'b1000:BT_DENY
3:0	读/写	0x0000	gpio0a4_sel 4'b0000:GPIO0_A4_u 4'b0001:LCD_RDN 4'b0010:CIF_CLKOUT 4'b0011:UART1_CTSN_M1 4'b0100:TKEY16 4'b0101:PMU_SLEEP 4'b0110:PMU_STATE2 4'b0111:CODEC_CLK_M1 4'b1000:AONJTAG_TRSTn 4'b1001:DSPJTAG_TRSTn 4'b1010:BT_RXNTX Others:Reserved

5.1.3 接口说明

GPIO 提供的接口函数包含在 toybrick. h 文件中,为 GPIO 配置和控制提供对应的功能函数,主要包含以下功能。

1. GPIO 初始化接口

GPIO 初始化是指在使用 GPIO 之前,对 GPIO 口进行初始化,配置成输入或输出状态,并设置相应的电平状态,以保证后续的 GPIO 操作可以正常进行,代码如下:

```
unsigned int GpioInit (GpioIDid);
```

参数说明如下。

(1) id:GPIO 引脚 id。

(2) 返回值:如果成功,则返回 TOY_SUCCESS;如果出错,则返回错误码。

2. GPIO 设备释放接口

GPIO 设备释放接口是指释放已经初始化过的 GPIO 设备资源的函数。它通常在 GPIO 设备使用结束后调用,以释放所占用的资源,防止资源泄露,代码如下:

```
unsigned int GpioDeinit (GpioIDid);
```

参数说明如下。

(1) id:GPIO 引脚 id。

(2) 返回值:如果成功,则返回 TOY_SUCCESS;如果出错,则返回错误码。

3. GPIO 配置引脚方向

GPIO 引脚可以设置为输入模式,以便读取外部输入的信号,也可以设置为输出模式,以便控制外围设备或元器件。在输入模式下,GPIO 引脚会读取外部信号并将其转换为数字信号,供内部处理使用;在输出模式下,GPIO 引脚会输出数字信号,以便驱动外围设备或元器件。一个 GPIO 引脚可以被设置为输入或输出模式,代码如下:

```
unsigned int GpioSetDir(GpioIDid,GpioDirdir);
```

参数说明如下。

(1) id:GPIO 引脚。

(2) iddir:GPIO 引脚方向。

(3) 返回值:如果成功,则返回 TOY_SUCCESS;如果出错,则返回错误码。

4. GPIO 设备获取引脚方向

GPIO 设备获取引脚方向的功能用于获取指定 GPIO 引脚的方向,即输入还是输出。在 GPIO 设备初始化之后,可以通过该接口查询已初始化的 GPIO 引脚的方向,代码如下:

```
unsigned int GpioGetDir(GpioIDid,GpioDir * dir);
```

参数说明如下。

(1) id:GPIO 引脚。

(2) iddir:GPIO 引脚方向。

（3）返回值：如果成功，则返回 TOY_SUCCESS；如果出错，则返回错误码。

5. GPIO 设备设置引脚电平值

GPIO 设备可以通过设置引脚电平值控制外围设备的开关状态。一般情况下，引脚的电平值为高电平或低电平。通过 GPIO 设备的接口，可以将引脚的电平值设置为高电平或低电平，代码如下：

```
unsigned int GpioSetVal(GpioIDid,GpioValueval);
```

参数说明如下。

（1）id：GPIO 引脚。

（2）idval：GPIO 引脚电平值。

（3）返回值：如果成功，则返回 TOY_SUCCESS；如果出错，则返回错误码。

6. GPIO 设备获取引脚电平值

GPIO 设备获取引脚电平值的功能是指通过 GPIO 设备接口获取指定引脚当前的电平状态，代码如下：

```
unsigned int GpioGetVal(GpioIDid,GpioValue * val);
```

参数说明如下。

（1）id：GPIO 引脚。

（2）idval：GPIO 引脚电平值。

（3）返回值：如果成功，则返回 TOY_SUCCESS；如果出错，则返回错误码。

7. GPIO 设备注册引脚中断函数

GPIO 设备注册引脚中断函数是指在 GPIO 引脚发生中断事件时，通过回调函数处理中断事件。GPIO 设备注册引脚中断函数的实现通常涉及以下几个步骤：

（1）创建一个 GPIO 设备对象并初始化。首先需要通过 GPIO 设备的初始化接口创建一个 GPIO 设备对象，并设置 GPIO 引脚的方向和初始状态等信息。

（2）注册中断回调函数。注册中断回调函数是指将一个回调函数与 GPIO 引脚的中断事件相关联。当 GPIO 引脚的中断事件发生时，系统会自动调用该回调函数处理中断事件。

（3）开启中断。在注册回调函数后，需要通过 GPIO 设备的中断使能接口开启中断功能。这样，当 GPIO 引脚的中断事件发生时，系统就会自动调用回调函数处理中断事件。

函数实现的代码如下：

```
unsigned int GpioRegisterIsrFunc (GpioIDid ,GpioIntType type, GpioIsrFunc func ,void * arg);
```

参数说明如下。

（1）id：GPIO 引脚。

（2）idtype：GPIO 中断类型。

（3）func：GPIO 中断函数。

（4）arg：GPIO 中断函数参数。

（5）返回值：如果成功，则返回 TOY_SUCCESS；如果出错，则返回错误码。

8. GPIO 设备注销引脚中断函数

GPIO 设备注销引脚中断函数的功能是取消之前已注册的引脚中断回调函数。这个功能可以在应用程序不再需要使用 GPIO 中断功能时释放相关资源,代码如下:

```
unsigned int Gpio UnregisterIsrFunc(GpioIDid);
```

参数说明如下。

(1) id:GPIO 引脚 id。

(2) 返回值:如果成功,则返回 TOY_SUCCESS;如果出错,则返回错误码。

取消中断回调函数前应该先禁止中断,以避免在取消过程中出现中断处理问题。另外,在 GPIO 设备使用完毕后,应该及时调用这个函数进行资源释放,以避免系统资源浪费和泄露的问题。

9. GPIO 设备使能引脚中断

GPIO 设备使能引脚中断功能用于开启 GPIO 引脚的中断功能,当引脚状态发生改变时,系统能够及时响应中断,从而实现相应的处理。可以使用 GPIO 设备的 API 函数进行调用,代码如下:

```
unsigned int GpioEnableIsr(GpioIDid);
```

参数说明如下。

(1) id:GPIO 引脚 id。

(2) 返回值:如果成功,则返回 TOY_SUCCESS;如果出错,则返回错误码。

10. GPIO 设备关闭引脚中断

GPIO 设备关闭引脚中断功能用于关闭已经使能的 GPIO 中断功能,通常在不需要中断的情况下使用,代码如下:

```
unsigned int GpioDisableIsr(GpioIDid);
```

参数说明如下。

(1) id:GPIO 引脚 id。

(2) 返回值:如果成功,则返回 TOY_SUCCESS;如果出错,则返回错误码。

11. 定义从设备地址

定义从设备地址是在 I^2C 总线上为每个从设备分配一个唯一的地址,以便主设备能够与每个从设备进行通信。I^2C 总线是一种基于主从架构的通信协议,主设备负责控制总线上的通信,从设备则响应主设备的请求并提供所需的数据。每个从设备在总线上都需要有一个唯一的地址,这样主设备才能识别和选择需要通信的从设备。定义从设备地址的代码如下:

```
//第 5 章/GpioIrqFunc.c
Define TESTGPIO0 PC6
void GpioIrqFunc()
{
printf("enter Gpio IrqFunc\n");
}
Unsigned int gpiosample()
{
```

```
Unsigned int ret = TOYSUCCESS;
uint16tval = 0;
if(GpioInit(TESTGPIO)!= TOYSUCCESS)
return TOYFAILURE;                                  //将 GPIO 引脚设置为输入
ret = GpioSetDir(TESTGPIO,GPIODIRIN);               //input//拉高 GPIO 引脚电平值
ret = GpioSetVal(TESTGPIO,GPIOLEVELHIGH);           //注册 GPIO 中断,将 GPIO 引脚中断设置为下降沿触发
GpioRegisterIsrFunc(TESTGPIO,GPIOINTEDGEFALLING,GpioIrqFunc,NULL);          //拉低 GPIO 引脚电平值
ret = GpioSetVal(TESTGPIO,GPIOLEVELLOW);            //获取 GPIO 引脚电平值
ret = GpioGetVal(TESTGPIO,&val);
return TOY_SUCCESS;
}
```

5.1.4　GPIO 驱动实例

该驱动为 GPIO 通用接口的驱动程序,该驱动程序基于 OpenHarmony 3.0 版本开发,封装了部分硬件接口,其中 GpioMethod 结构体用于描述 GPIO 端口的操作,代码如下:

```
#include < stdint. h>
#include "hdf_device_desc. h"
#include "hdf_log. h"
#include "osal. h"
#include "gpio_core. h"
#include "hmchip_hardware. h"
#include "gpio_service_rk2206. h"
#define HDF_LOG_TAG gpio_driver_rk2206
typedef struct tag_gpio_ctrl {
    struct GpioCntlrcntlr;
    uint32_t phy_base;
    uint32_t reg_step;
    uint32_t group_num;
    uint32_t bit_num;
    uint32_t irq_start;
    uint8_t irq_share;
}gpio_ctrl_s;
static gpio_ctrl_sm_gpio_ctrl = {
.group_num = 1,
.bit_num = 32,
};
static int32_t gpio_request(struct GpioCntlr * cntlr, uint16_t local)
//定义 GPIO 接口的申请
{
gpio_ctrl_s * pgpio_ctrl = &m_gpio_ctrl;
    if (local >= pgpio_ctrl -> bit_num)
    {
        HDF_LOGD(" % s: local( % d) > gpio_num( % d)!", __func __, local, pgpio_ctrl -> bit_num);
                    //输出提示
        return HDF_ERR_INVALID_PARAM;
    }
hmGpioInit(local);    //初始化红莓开发板 GPIO 接口,与 GPIOInit 类似
    return HDF_SUCCESS;
}
static int32_t gpio_release(struct GpioCntlr * cntlr, uint16_t local)
```

```
//定义 GPIO 接口的关闭
{
gpio_ctrl_s * pgpio_ctrl = &m_gpio_ctrl;
    if (local >= pgpio_ctrl->bit_num)
    {
        HDF_LOGD("%s: local(%d)>gpio_num(%d)!\n", __func__, local, pgpio_ctrl->bit_num);
        return HDF_ERR_INVALID_PARAM;
    }
hmGpioDeinit(local); //初始化红莓开发板 GPIO 接口,与 GpioDeInit 类似
    return HDF_SUCCESS;
}
static int32_t gpio_write(struct GpioCntlr * cnltr, uint16_t gpio, uint16_t val)
//定义 GPIO 接口的写操作
{
gpio_ctrl_s * pgpio_ctrl = &m_gpio_ctrl;
    uint32_t ret = 0;
hmGpioValuegpio_value;
    if (gpio >= pgpio_ctrl->bit_num)
    {
        HDF_LOGD("%s: local(%d)>gpio_num(%d)!\n", __func__, gpio, pgpio_ctrl->bit_num);
        return HDF_ERR_INVALID_PARAM;
    }
    if (val == 0)
    {
gpio_value = HMGPIO_LEVEL_LOW;
    }
    else if (val == 1)
    {
gpio_value = HMGPIO_LEVEL_HIGH;
    }
    else
    {
        HDF_LOGD("%s: val(%d) out of the range!\n", __func__, val);
        return HDF_ERR_INVALID_PARAM;
    }
    ret = hmGpioSetVal(gpio, gpio_value);
    if (ret != HMCHIP_HARDWARE_SUCCESS)
    {
        HDF_LOGD("%s: hmGpioSetVal() failed!\n", __func__);
        return HDF_ERR_INVALID_PARAM;
    }

    return HDF_SUCCESS;
}
static int32_t gpio_read(struct GpioCntlr * cnltr, uint16_t gpio, uint16_t * val) //定义 GPIO 接
//口的读操作
{
gpio_ctrl_s * pgpio_ctrl = &m_gpio_ctrl;
    uint32_t ret = 0;
hmGpioValuegpio_value;
    if (gpio >= pgpio_ctrl->bit_num)
    {
```

```
        HDF_LOGD("% s: local(% d) > gpio_num(% d)!\n", __ func __, gpio, pgpio_ctrl -> bit_num);
        return HDF_ERR_INVALID_PARAM;
    }
    ret = hmGpioGetVal(gpio, &gpio_value); //定义 GPIO 接口值的获取
    if (ret != HMCHIP_HARDWARE_SUCCESS)
    {
        HDF_LOGD("% s: hmGpioGetVal() failed!\n", __ func __);
        return HDF_ERR_INVALID_PARAM;
    }
    * val = (uint16_t)(gpio_value);
    return HDF_SUCCESS;
}

static int32_t gpio_set_dir(struct GpioCntlr * cntlr, uint16_t gpio, uint16_t dir)
{
gpio_ctrl_s * pgpio_ctrl = &m_gpio_ctrl;
    uint32_t ret = 0;
hmGpioDirgpio_dir;
    if (gpio > = pgpio_ctrl -> bit_num)
    {
        HDF_LOGD("% s: local(% d) > gpio_num(% d)!", __ func __, gpio, pgpio_ctrl -> bit_num);
        return HDF_ERR_INVALID_PARAM;
    }
    if (dir == 0)
    {
gpio_dir = GPIO_DIR_IN;
    }
    else if (dir == 1)
    {
gpio_dir = GPIO_DIR_OUT;
    }
    else
    {
        HDF_LOGD("% s: dir(% d) out of the range!!", __ func __, dir);
        return HDF_ERR_INVALID_PARAM;
    }
    ret = hmGpioSetDir(gpio, gpio_dir); //设置 GPIO 的方向,类似 GpioSetDir
    if (ret != HMCHIP_HARDWARE_SUCCESS)
    {
        HDF_LOGD("% s: hmGpioSetDir() failed!", __ func __);
        return HDF_ERR_INVALID_PARAM;
    }

    return HDF_SUCCESS;
}

static int32_t gpio_get_dir(struct GpioCntlr * cntlr, uint16_t gpio, uint16_t * dir)
{
gpio_ctrl_s * pgpio_ctrl = &m_gpio_ctrl;
    uint32_t ret = 0;
hmGpioDirgpio_dir;
    if (gpio > = pgpio_ctrl -> bit_num)
    {
```

```
        HDF_LOGD("%s: local(%d) > gpio_num(%d)!", __func__, gpio, pgpio_ctrl->bit_num);
        return HDF_ERR_INVALID_PARAM;
    }
    ret = hmGpioGetDir(gpio, &gpio_dir); //获取 GPIO 的方向,类似 GpioGetDir
    if (ret != HMCHIP_HARDWARE_SUCCESS)
    {
        HDF_LOGD("%s: hmGpioGetDir() failed!", __func__);
        return HDF_ERR_INVALID_PARAM;
    }
    *dir = gpio_dir;
    return HDF_SUCCESS;
}

static struct GpioMethod g_rk2206_gpioMethod = { //定义 GpioMethod 结构体
.request = gpio_request,
.release = gpio_release,
.write = gpio_write,
.read = gpio_read,
.setDir = gpio_set_dir,
.getDir = gpio_get_dir,
.toIrq = NULL,
.setIrq = NULL,
.unsetIrq = NULL,
.enableIrq = NULL,
.disableIrq = NULL,
};
static const char *GpioServiceGetData(void)
{
    return "gpio_driver_rk2206";
}
static int32_t GpioServiceSetData(const char *data)
{
    if (data == NULL)
    {
        return HDF_ERR_INVALID_PARAM;
    }
    HDF_LOGD("%s: %s", __func__, data);
    return HDF_SUCCESS;
}
static void HdfGpioDriverRelease(struct HdfDeviceObject *deviceObject)
{
    (void)deviceObject;
    return;
}
static int HdfGpioDriverBind(struct HdfDeviceObject *deviceObject)
{
    HDF_LOGD("%s::enter, deviceObject = %p", __func__, deviceObject);
    if (deviceObject == NULL)
    {
        return HDF_FAILURE;
    }
    static struct GpioServiceRk2206 gpioService =
    {
```

```c
    .getData = GpioServiceGetData,
    .setData = GpioServiceSetData,
    };
deviceObject -> service = &gpioService.service;
    return HDF_SUCCESS;
}
static int32_t TestCaseGpioSetGetDir(struct GpioTester * tester)
{
    int32_t ret;
    uint16_t dirSet;
    uint16_t dirGet;
printf(" % s, % d: test case\n", __FILE__, __LINE__);
dirSet = GPIO_DIR_OUT;
dirGet = GPIO_DIR_IN;
SET_GET_DIR:
    ret = hmGpioSetDir(tester -> gpio, dirSet);
    if (ret != HDF_SUCCESS) {
printf(" % s: set dir fail! ret: % d\n", __func__, ret);
        return ret;
    }
    ret = hmGpioGetDir(tester -> gpio, &dirGet);
    if (ret != HDF_SUCCESS) {
printf(" % s: get dir fail! ret: % d\n", __func__, ret);
        return ret;
    }
    if (dirSet != dirGet) {
printf(" % s: set dir: % u, but get: % u\n", __func__, dirSet, dirGet);
        return HDF_FAILURE;
    }
    /* change the value and test one more time */
    if (dirSet == GPIO_DIR_OUT) {
dirSet = GPIO_DIR_IN;
dirGet = GPIO_DIR_OUT;
goto SET_GET_DIR;
    }
    return HDF_SUCCESS;
}
static int32_t TestCaseGpioWriteRead(struct GpioTester * tester)
{
    int32_t ret;
    uint16_t valWrite;
    uint16_t valRead;
printf(" % s, % d: test case\n", __FILE__, __LINE__);
    ret = hmGpioSetDir(tester -> gpio, GPIO_DIR_OUT);
    if (ret != HDF_SUCCESS) {
printf(" % s: set dir fail! ret: % d\n", __func__, ret);
        return ret;
    }
valWrite = GPIO_VAL_LOW;
valRead = GPIO_VAL_HIGH;
WRITE_READ_VAL:
    ret = gpio_write(NULL, tester -> gpio, valWrite);
    if (ret != HDF_SUCCESS) {
```

```
printf("%s: write val: %u fail! ret: %d", __func__, valWrite, ret);
        return ret;
    }
    ret = gpio_read(NULL, tester->gpio, &valRead);
    if (ret != HDF_SUCCESS) {
printf("%s: read fail! ret: %d", __func__, ret);
        return ret;
    }
    if (valWrite != valRead) {
printf("%s: write: %u, but get: %u", __func__, valWrite, valRead);
        return HDF_FAILURE;
    }
    /* change the value and test one more time */
    if (valWrite == GPIO_VAL_HIGH) {
valWrite = GPIO_VAL_HIGH;
valRead = GPIO_VAL_LOW;
goto WRITE_READ_VAL;
    }
    return HDF_SUCCESS;
}
static int32_t TestCaseGpioIrqHandler(uint16_t gpio, void *data)
{
    struct GpioTester *tester = (struct GpioTester *)data;
printf("%s, %d: test case\n", __FILE__, __LINE__);
    if (tester != NULL) {
        tester->irqCnt++;
        //return GpioDisableIrq(gpio);
    }
    return HDF_FAILURE;
}
static inline void TestHelperGpioInverse(uint16_t gpio, uint16_t mode)
{
    uint16_t dir = 0;
    uint16_t valRead = 0;
printf("%s, %d: test case\n", __FILE__, __LINE__);
    (void)gpio_read(NULL, gpio, &valRead);
    (void)gpio_write(NULL, gpio, (valRead == GPIO_VAL_LOW) ? GPIO_VAL_HIGH : GPIO_VAL_LOW);
    (void)gpio_read(NULL, gpio, &valRead);
    (void)hmGpioGetDir(gpio, &dir);
    HDF_LOGD("%s, gpio: %u, val: %u, dir: %u, mode: %x", __func__, gpio, valRead, dir, mode);
}
static int32_t TestCaseGpioIrqLevel(struct GpioTester *tester)
{
printf("%s, %d: test case\n", __FILE__, __LINE__);

    (void)tester;
    return HDF_SUCCESS;
}
static int32_t GpioTestByCmd(struct GpioTester *tester, int32_t cmd)
{
    int32_t i;
    if (cmd == GPIO_TEST_SET_GET_DIR) {
        return TestCaseGpioSetGetDir(tester);
```

```
    } else if (cmd == GPIO_TEST_WRITE_READ) {
        return TestCaseGpioWriteRead(tester);
    }
    for (i = 0; i < GPIO_TEST_MAX; i++) {
        if (GpioTestByCmd(tester, i) != HDF_SUCCESS) {
            tester->fails++;
        }
    }
printf("%s: ********** PASS: %u FAIL: %u ************** \n\n",
    __func__, tester->total - tester->fails, tester->fails);
    return (tester->fails > 0) ? HDF_FAILURE : HDF_SUCCESS;
}
static int32_t GpioTestSetUp(struct GpioTester * tester)
{
    int32_t ret;
    if (tester == NULL) {
        return HDF_ERR_INVALID_OBJECT;
    }
    ret = hmGpioGetDir(tester->gpio, &tester->oldDir);
    if (ret != HDF_SUCCESS) {
printf("%s: get old dir fail! ret:%d\n", __func__, ret);
        return ret;
    }
    ret = gpio_read(NULL, tester->gpio, &tester->oldVal);
    if (ret != HDF_SUCCESS) {
printf("%s: read old val fail! ret:%d\n", __func__, ret);
        return ret;
    }
    tester->fails = 0;
    tester->irqCnt = 0;
    tester->irqTimeout = GPIO_TEST_IRQ_TIMEOUT;
    return HDF_SUCCESS;
}
static int32_t GpioTestTearDown(struct GpioTester * tester)
{
    int ret;
    if (tester == NULL) {
        return HDF_ERR_INVALID_OBJECT;
    }
    ret = hmGpioSetDir(tester->gpio, tester->oldDir);
    if (ret != HDF_SUCCESS) {
printf("%s: set old dir fail! ret:%d\n", __func__, ret);
        return ret;
    }
    if (tester->oldDir == GPIO_DIR_IN) {
        return HDF_SUCCESS;
    }
    ret = gpio_write(NULL, tester->gpio, tester->oldVal);
    if (ret != HDF_SUCCESS) {
printf("%s: write old val fail! ret:%d\n", __func__, ret);
        return ret;
    }
    return HDF_SUCCESS;
```

```
    }
static int32_t GpioTestDoTest(struct GpioTester * tester, int32_t cmd)
{
    int32_t ret;
printf(" % s, % d: HdfGpio Driver test!\n", __FILE__, __LINE__);
    if (tester == NULL) {
        return HDF_ERR_INVALID_OBJECT;
    }
    ret = GpioTestSetUp(tester);
    if (ret != HDF_SUCCESS) {
printf(" % s: setup fail!\n", __func__);
        return ret;
    }
    ret = GpioTestByCmd(tester, cmd);
    (void)GpioTestTearDown(tester);
    return ret;
}

static int32_t GpioTestReadConfig(struct GpioTester * tester, const struct DeviceResourceNode *
node)
{
    int32_t ret;
    uint32_t tmp;
    struct DeviceResourceIface * drsOps = NULL;
drsOps = DeviceResourceGetIfaceInstance(HDF_CONFIG_SOURCE);
    if (drsOps == NULL || drsOps -> GetUint32 == NULL) {
printf(" % s: invalid drs ops fail!\n", __func__);
        return HDF_FAILURE;
    }
    ret = drsOps -> GetUint32(node, "gpio", &tmp, 0);
    if (ret != HDF_SUCCESS) {
printf(" % s: read gpio fail!\n", __func__);
        return ret;
    }
    tester -> gpio = (uint16_t)tmp;
    ret = drsOps -> GetUint32(node, "gpioIrq", &tmp, 0);
    if (ret != HDF_SUCCESS) {
printf(" % s: read gpioIrq fail!\n", __func__);
        return ret;
    }
    tester -> gpioIrq = (uint16_t)tmp;
printf(" % s[ % d] groupNum: % u gpio: % u gpioIrq: % u\n",
        __func__, __LINE__, tester -> gpio, tester -> gpioIrq);
    tester -> doTest = GpioTestDoTest;
    return HDF_SUCCESS;
}
static int HdfGpioDriverInit(struct HdfDeviceObject * deviceObject)
{
    int32_t ret;
gpio_ctrl_s * pgpio_ctrl = &m_gpio_ctrl;
    static structGpioTester tester;
printf(" % s, % d: HdfGpio Driver entry!\n", __FILE__, __LINE__);
    HDF_LOGD(" % s::enter, deviceObject = % p", __func__, deviceObject);
```

```
    if (deviceObject == NULL)
    {
        HDF_LOGE("%s::ptr is null!", __func__);
        return HDF_FAILURE;
    }
pgpio_ctrl->cntlr.count = pgpio_ctrl->group_num * pgpio_ctrl->bit_num;
pgpio_ctrl->cntlr.priv = (void *)deviceObject->property;
pgpio_ctrl->cntlr.ops = &g_rk2206_gpioMethod;
pgpio_ctrl->cntlr.device = deviceObject;
    ret = GpioCntlrAdd(&pgpio_ctrl->cntlr);
    if (ret != HDF_SUCCESS)
    {
        HDF_LOGE("%s: err add controller: %d\n", __func__, ret);
        return ret;
    }
    ret = GpioTestReadConfig(&tester, deviceObject->property);
    if (ret != HDF_SUCCESS) {
printf("%s: read config fail!\n", __func__);
        return ret;
    }
hmGpioInit(tester.gpio);
tester.total = GPIO_TEST_MAX;
deviceObject->service = &tester.service;
#if 1//def GPIO_TEST_ON_INIT
    HDF_LOGE("%s: test on init!", __func__);
tester.doTest(&tester, -1);
#endif
    HDF_LOGD("%s:Init success", __func__);
    return HDF_SUCCESS;
}
struct HdfDriverEntry g_gpioDriverEntry =
{
.moduleVersion = 1,
.moduleName = "gpio_driver_rk2206",
.Bind = HdfGpioDriverBind,
.Init = HdfGpioDriverInit,
.Release = HdfGpioDriverRelease,
};
HDF_INIT(g_gpioDriverEntry);
```

5.2 I²C

5.2.1 I²C 简介

I²C(Inter Integrated Circuit)总线是由 Philips 公司开发的一种简单、双向二线制同步串行总线,如图 5-1 所示。I²C 总线是一个标准的双向接口,I²C 总线上有一个主设备和一个从设备,它使用一个控制器(称为主控制器)与从设备进行通信。I²C 总线上可以挂载多个主设备和多个从设备(外围设备),如图 5-1 所示。

图 5-1 中主设备是两个单片机,剩下的都是从设备。I²C 总线上的每个设备都可以作为主设备或者从设备,而且每个设备都会对应一个唯一的地址。当主设备需要和某个从设备通信

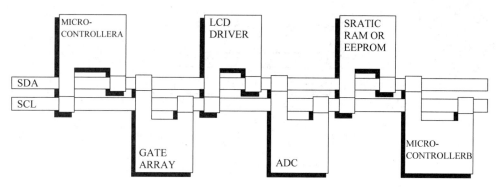

图 5-1　I^2C 总线示意图

时,通过广播的方式将从设备地址写到总线上。如果某个从设备符合此地址,则会发出应答信号,建立传输。从设备不能传送数据,除非它已被主设备寻址。I^2C 总线上的每个设备都有一个特定的设备地址,以区分同一 I^2C 总线上的其他设备。

　　I^2C 总线要求总线不工作时保持在高电平状态,所以 I^2C 总线默认需要上拉电阻,而且上拉电阻的大小也会直接影响时序,一般是 $1.5k\Omega$、$2.2k\Omega$ 和 $4.7k\Omega$。

　　物理 I^2C 接口由串行时钟(SCL)和串行数据(SDA)线组成。SDA 和 SCL 线都必须通过一个上拉电阻连接到 VCC。上拉电阻的大小由 I^2C 线上的电容决定。数据传输只能在总线空闲时启动。如果在停止条件后 SDA 和 SCL 线都是高电平,则总线被认为是空闲的。

　　主设备访问从设备的一般过程如下。

1. 主设备将数据发送到从设备

(1) 主设备发送一个 START 条件,并向从设备发送地址。

(2) 主设备将数据发送到从设备。

(3) 主设备以 STOP 条件终止传输。

2. 主设备接收/读取从设备数据

(1) 主设备发送一个 START 条件,并向从设备发送地址。

(2) 主设备将请求的寄存器读给从设备。

(3) 主设备由从设备接收数据。

(4) 主设备使用 STOP 条件终止传输。

5.2.2　I^2C 协议

1. 总线的启动和停止

假设需要与某设备进行 I^2C 通信,此时由发送 START 条件的主设备发起,并由发送 STOP 条件的主设备终止。当 SCL 为高时,SDA 电平从高到低转换定义为 START 条件;当 SCL 为低时,SDA 电平从低到高转换定义为停止条件,其时序图如图 5-2 所示。

2. 重复的起始条件

在 I^2C 的总线通信中,当主设备希望开始新的通信,但又不想让总线在 STOP 条件下空闲时,将启动重复的 START 状态。重复的 START 状态的起始条件类似于 START 条件,紧接的 STOP 将由 START 条件代替,发生在 STOP 条件之前(当总线不空闲时)。但在多主设备

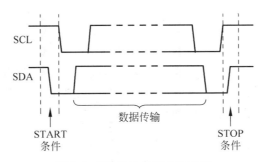

图 5-2　I^2C 启动及停止时序图

的环境下,则可能使主设备失去对另一个主设备的总线控制。

3. 数据有效性和字节格式

SDA 在 SCL 的每个时钟脉冲期间传输一个数据位。SDA 一字节由 8 位组成。一字节可以是设备地址、寄存器地址或从从设备写入/读取的数据。数据先传输最高有效位(MSB)。在 START 和 STOP 条件之间可以从主设备向从设备传输任意数量的数据字节。SDA 线上的数据必须在时钟周期的高电平期间保持稳定。当 SCL 是高电平时,数据线的变化被解释为 START 或 STOP 控制命令。SDA 与 SCL 时序图如图 5-3 所示。

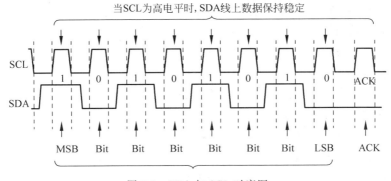

图 5-3　SDA 与 SCL 时序图

4. 应答(ACK)与不应答(NACK)

数据的每字节(包括地址字节)后面跟着一个来自接收端的 ACK 位。ACK 位允许接收端向发送端发送已成功接收的字节和可以发送的另一字节。在接收端可以发送 ACK 之前,发送端必须释放 SDA 线。为了发送 ACK 位,接收端需要在 ACK/NACK 对应的低电平期间(周期 9)降低 SDA 线,这样在 ACK/NACK 对应的高电平期间的 SDA 线才能稳定在低电平,建立和保持时间也必须考虑在内。其时序如图 5-4 所示。

当 SDA 线在 ACK/NACK 相关的时钟周期内保持高电平时,被解释为 NACK,有几个条件会导致 NACK 的生成。

(1) 从设备无法接收或发送数据,因为它正在执行一些实时功能,并没有准备好开始与主设备通信。

(2) 在传输过程中,主设备获取了它不理解的数据或命令。

(3) 在传输过程中,从设备无法接收更多的数据字节。

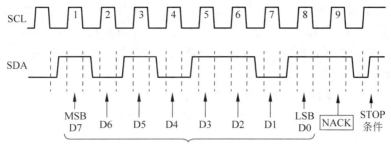

图 5-4　NACK 时序图

（4）从设备完成了读取数据并通过 NACK 指示从设备。

5. I²C 写时序

要实现 I²C 总线上的写功能，主设备将在总线上发送一个启动条件，该条件带有从设备地址，并且其最后一个位被设置为 R/W 位。若将该位设置为 0，则表示写；若将该位设置为 1，则表示读。在从设备发送应答位后，主设备将发送某个写入的寄存器的地址。从设备在接收到该地址后，将再次应答，让主设备知道其准备好了。在此之后，主设备将开始向从设备发送寄存器数据，直到主设备发送了它需要的所有数据。该数据可以是多字节，有时也可能只是一字节，并且主设备将用 STOP 条件终止传输。

6. I²C 读时序

从设备的读取与写入功能非常相似，但需要一些额外的步骤。若主设备需要从从设备读取数据，则主设备必须首先指示它需要从哪个从设备读取数据。主设备将发送一个希望读取的寄存器的地址，并将其最后一个 R/W 位设置为 0（表示写）。从设备将会确认该地址，一旦从设备确认了，主设备将再次发送一个 START 条件，然后是 R/W 位被设为 1（表示读）的从设备地址。这一次，从设备将确认读的请求，主设备释放 SDA 总线，但将继续向从设备提供时钟信号。在这段时间中，主设备将成为主接收端，从设备将成为从发送端。

主设备继续发送时钟脉冲，但将释放 SDA 线，以便从设备可以传输数据。在每个数据字节的末尾，主设备将发送一个 ACK 给从设备，让从设备知道它已经准备好接收更多的数据了。一旦主设备收到了它所期望的字节数，将发送一个 NACK，向从设备发出信号，停止通信并释放总线。主设备将在此之后使用 STOP 条件。

5.2.3　I²C 硬件寄存器

RK2206 内的 I²C 模块结构如图 5-5 所示。

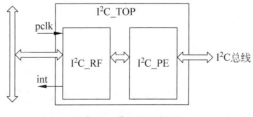

图 5-5　I²C 模块结构

其中,I2C_RF 模块被用于与 APB 总线的设备接口操作 I^2C 控制器。其具备寄存器设置及中断功能,其中 CSR 引脚用于同步操作 pclk 时钟。I2C_PE 模块用于在其与其他 I^2C 设备传输/接收数据的过程中完成对 I^2C 主设备的控制。I^2C 主设备的时钟信号将与 pclk 同频。I2C_TOP 为 I^2C 的顶层模块。

RK2206 的 I^2C 总线特性如下。

(1) 支持 3 个独立 I^2C 总线:I2C0、I2C1、I2C2。

(2) 兼容 I^2C 总线。

(3) 支持 AMBA/APB 从接口。

(4) 支持 I^2C 总线主设备模式。

(5) 可编程时钟频率同时钟速率达 400kb/s。

(6) 支持 7 位和 10 位寻址模式。

(7) 支持中断、轮询的数据传输模式。

(8) 具备时钟延展功能。

(9) 可过滤 SCL\SDA 信号的差错。

I^2C 控制器仅支持主控功能,支持 7 位/10 位寻址模式,支持生成主叫地址。最大时钟频率和传输速率达到 400kb/s。I^2C 控制器的操作分成两部分:初始化和主控模式编程。

1. 初始化

I^2C 控制器基于 AMBA/APB 总线架构,通常为片上系统(SoC)的一部分,因此在 I^2C 操作之前,必须完成一些系统设置和配置,包括 I^2C 中断连接类型、CPU 中断方式的确认等。如果 I^2C 中断连接到外部中断控制器模块,则需要决定 INTC 向量。I^2C 控制时钟采用 APB 时钟,在系统初始化时需要设置正确的时钟寄存器。

2. 主控模式

1) SCL 时钟

当 I^2C 控制器处于主控模式时,其可被编程,SCL 时钟由 I2C_CLKDIV 寄存器设置。SCL 频率可由以下公式计算得到:

$$SCL = 8 \times (CLKDIVL + 1 + CLKDIVH + 1) \tag{5-1}$$

$$SCL = \frac{PCLK}{SCLK} \tag{5-2}$$

2) 数据接收寄存器

当 I^2C 控制器接收到最大字节的数据(MRXCNTBYTES)时,CPU 能够从 RXDATA0～RXDATA7 寄存器中获取数据。控制器可以一次性接收 32 位的数据。当 MRXCNT 寄存器写入时,I^2C 控制器将开始从 SCL 中接收数据。

3) 数据传送寄存器

需要传送的数据被 CPU 写入 TXDATA0～TXDATA7 寄存器。控制器每帧可传送 32 位数据,低位字节的数据先传送。当 MTXCNT 寄存器被写入时,I^2C 控制器将开始传送数据。

4) 开始指令

当 I2C_CON 寄存器第[3]位写入 1 时,控制器将发送 I²C 起始指令。

5) 停止指令

当 I2C_CON 寄存器第[4]位写入 1 时,控制器将发送 I²C 停止指令。

6) I²C 操作模式

(1) I2C_CON[2:1]=2'b00:控制器将从低字节开始传送 TXDATA0~TXDATA7 所有有效数据。

(2) I2C_CON[2:1]=2'b01:控制器将先传输存入 MRXADDR 中的设备地址(R/W 位=0),然后传输 MRXRADDR 内的设备寄存器地址。下一步控制器将重启信号并重新发送 MRXADDR 寄存器数据(R/W 位=1),最后寄存器将进入接收模式。

(3) I2C_CON[2:1]=2'b10:控制器进入接收模式,其将上拉触发时钟信号用于读取 MRXCNT 字节数据。

(4) I2C_CON[2:1]=2'b11:控制器将先传输存入 MRXADDR 中的设备地址(R/W 位=1),然后传输 MRXRADDR 内的设备寄存器地址。下一步控制器将重启信号并重新发送 MRXADDR 寄存器数据(R/W 位=1),最后寄存器将进入接收模式。

7) 读/写命令

(1) 当 I²C 进入 I2C_OPMODE 模式(I2C_CON[2:1]=2'b01 或 2'b11)时,R/W 指令位由控制器自行决定。

(2) 当 I²C 进入只读模式(I2C_CON[2:1]=2'b10)时,R/W 指令位由 MRXADDR[0]位决定。

(3) 当 I²C 进入只写模式(I2C_CON[2:1]=2'b00)时,R/W 指令位由 TXDATA[0]位决定。

8) 主控中断条件

主控模式下,I2C_ISR 寄存器共有 7 位中断相关设置位。

(1) 中断传输完成位 Bit0:当主控完成传输一字节时,该位被置位。

(2) 中断接收完成位 Bit1:当主控完成接收一字节时,该位被置位。

(3) MTXCNT 字节传输完成位 Bit2:当主控完成传输最大字节(MTXCNT)时,该位被置位。

(4) MRXCNT 字节传输完成位 Bit3:当主控完成读取最大字节(MRXCNT)时,该位被置位。

(5) 起始中断位 Bit4:当主控完成 I²C 总线起始指令时,该位被置位。

(6) 停止中断位 Bit5:当主控完成 I²C 总线停止指令时,该位被置位。

(7) NAK 接收中断位 Bit6:当主控接收到一个 NAK 应答时,该位被置位。

(8) 最后位应答控制位。

(9) 如果 I2C_CON[5]=1,当最后位接收在只读模式下时,则 I²C 控制器传输 NAK 应答给从设备。

(10) 如果 I2C_CON[5]=0,当最后位接收在只读模式下时,则 I²C 控制器传输 ACK 应答给从设备。

3. I²C相关寄存器

RK2206相关I²C控制寄存器如表5-4所示。

表5-4 相关I²C控制寄存器

寄 存 器	偏移	大小	默认值	功 能
RKI2C CON	0x0000	字	0x00030000	控制寄存器
RKI2C CLKDIV	0x0004	字	0x00000001	时钟分频器
RKI2C MRXADDR	0x0008	字	0x00000000	主接收模式
RKI2C MRXRADDR	0x000C	字	0x00000000	从接收模式
RKI2C MTXCNI	0x0010	字	0x00000000	发送计数器
RKI2C MRXCNI	0x0014	字	0x00000000	接收计数器
RKI2C IEN	0x0018	字	0x00000000	中断使能寄存器
RKI2C IPD	0x001c	字	0x00000000	中断挂起寄存器
RKI2C FCNI	0x0020	字	0x00000000	数据发送寄存器
RKI2C SCL OE DB	0x0024	字	0x00000020	从接收寄存器

RK2206相关I²C数据寄存器如表5-5所示。

表5-5 相关I²C数据寄存器

寄 存 器	偏移	大小	默认值	功 能
RKI2C TXDATA0	0x0000	字	0x00030000	控制寄存器
RKI2C TXDATA1	0x0004	字	0x00000001	时钟分频器
RKI2C TXDATA2	0x0008	字	0x00000000	主接收模式
RKI2C TXDATA3	0x000C	字	0x00000000	从接收模式
RKI2C TXDATA4	0x0010	字	0x00000000	发送计数器
RKI2C TXDATA5	0x0014	字	0x00000000	接收计数器
RKI2C TXDATA6	0x0018	字	0x00000000	中断使能寄存器
RKI2C IPD	0x001c	字	0x00000000	中断挂起寄存器
RKI2C FCNI	0x0020	字	0x00000000	数据发送寄存器
RKI2C SCL OE DB	0x0024	字	0x00000020	从接收寄存器

4. I²C控制器数据传输波形

1）数据有效性

SCL高峰期间,测线必须稳定,并且SDA线路只能在SCL处于低状态时更改,如图5-6所示。

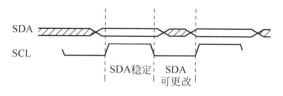

图5-6 I²C数据有效时序图

2）开始和停止条件

开始条件是 SCL 在高电平期间，SDA 由高变低。停止条件是 SCL 在高电平期间，SDA 由低变高。

3）数据传输

（1）在一字节的数据传输后（时钟标记为 1～8），在第 9 个时钟中，如果接收器拉动 SDA，则接收器必须在 SDA 线路上断言 ACK 信号 line 到 low，表示 ACK；如果相反，则表示，Not ACK，如图 5-7 所示。

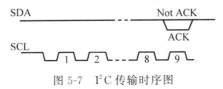

图 5-7 I²C 传输时序图

（2）主设备拥有的 I²C 总线，可能会启动多字节传输到从设备。传输从"开始"命令开始，以"停止"命令结束，命令在每次字节传输后，接收器必须将 ACK 回复给变送器，如图 5-8 所示。

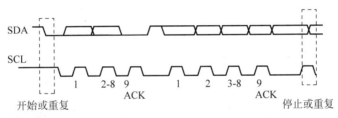

图 5-8 I²C 传输时序图

I²C 控制器的核心操作流程图描述了软件如何通过此 I²C 控制器进行核心配置和执行 I²C 事务，如图 5-9 所示。描述分为 3 部分：仅传输模式、仅接收模式和混合模式。

配置 I2C_CLKDIV 寄存器用于选择 I2C_SCL 线上的时钟频率，配置 I2C_CON 寄存器用于选择只写模式，如图 5-10 所示。

5.2.4 I²C 接口代码

I²C 接口用于定义完成 I²C 传输的通用方法集合，包括 I²C 控制器管理、打开或关闭 I²C 控制器、I²C 消息传输、通过消息传输结构体数组进行自定义传输，接口说明包含头文件：

```
Include "toybrick.h"
```

I²C 驱动 I/O 引脚配置，代码如下：

```
I2cBusIog_i2c0m0 = {
    .scl = {
    .gpio = GPIO0_PB5,
    .func = MUX_FUNC4,
    .type = PULL_NONE,
    .drv = DRIVE_KEEP,
    .dir = GPIO_DIR_KEEP,
```

```
        . val = GPIO_LEVEL_KEEP},
        . sda = {
        . gpio = GPIO0_PB4,
        . func = MUX_FUNC4,
        . type = PULL_NONE,
        . drv = DRIVE_KEEP,
        . dir = GPIO_DIR_KEEP,
        . val = GPIO_LEVEL_KEEP},
        . id = FUNC_ID_I2C0,
        . mode = FUNC_MODE_M0,};
```

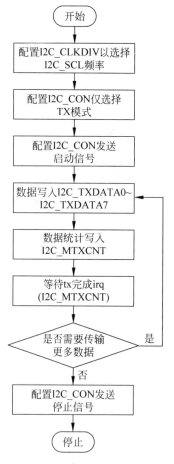

图 5-9　I^2C 操作流程图

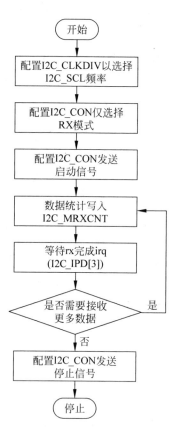

图 5-10　I^2C 写模式流程图

I^2C 驱动 I/O 引脚初始化接口,代码如下:

```
unsigned int I2cIoInit(I2cBusIoio);
```

I^2C 设备初始化接口,代码如下:

```
unsigned int I2cInit(unsigned int id, unsigned int freq);
```

参数说明如下。

（1）id：I^{2}C 总线 id。

（2）idfreq：I^{2}C 频率。

（3）返回值：如果成功，则返回 TOY_SUCCESS；如果出错，则返回错误码。

I^{2}C 设备释放接口，代码如下：

```
unsigned int I2cDeinit(unsigned int id);
```

参数说明如下。

（1）id：I^{2}C 总线 id。

（2）返回值：如果成功，则返回 TOY_SUCCESS；如果出错，则返回错误码。

I^{2}C 设备设置频率，代码如下：

```
unsigned int I2cSetFreq(unsigned int id,unsigned int freq);
```

参数说明如下。

（1）id：I^{2}C 总线 id。

（2）idfreq：I^{2}C 频率。

（3）返回值：如果成功，则返回 TOY_SUCCESS；如果出错，则返回错误码。

I^{2}C 设备 Transfer 接口，代码如下：

```
unsigned int I2cTransfer(unsigned id, I2cMsg * msgs, unsigned int num);
```

参数说明如下。

（1）id：I^{2}C 总线 id。

（2）idmsgs：需要转发给从设备的消息。

（3）num：消息数量。

（4）返回值：如果成功，则返回 TOY_SUCCESS；如果出错，则返回错误码。

I^{2}C 设备读接口，代码如下：

```
Static inline unsigned int I2cRead (unsigned int id, unsigned short slave Addr,unsigned char *
data, unsigned int len);
```

参数说明如下。

（1）id：I^{2}C 总线 id。

（2）idslaveAddr：从设备地址。

（3）data：需要读取的消息。

（4）len：读取消息的长度。

（5）返回值：如果成功，则返回 TOY_SUCCESS；如果出错，则返回错误码。

I^{2}C 设备写接口，代码如下：

```
Static inline unsigned int I2cWrite(unsigned int id, unsigned short slaveAddr, const unsigned char
 * data, unsigned int len)
```

参数说明如下。

（1）id：I^{2}C 总线 id。

（2）idslaveAddr：从设备地址。

（3）data：需要写入的消息。

（4）len：写入消息的长度。

（5）返回值：如果成功，则返回 TOY_SUCCESS；如果出错，则返回错误码。

I^2C 设备读寄存器接口，代码如下：

```
Static inline unsigned int I2cReadReg(unsigned int id, unsigned short slaveAddr, unsigned char *
regAddr ,unsigned int regLen, unsigned char * data, unsigned int len)
```

参数说明如下。

（1）id：I^2C 总线 id。

（2）idslaveAddr：从设备地址。

（3）regAddr：从设备寄存器地址。

（4）regLen：从设备寄存器地址长度。

（5）data：需要写入的消息。

（6）len：写入消息的长度。

（7）返回值：如果成功，则返回 TOY_SUCCESS；如果出错，则返回错误码。

I^2C 设备写寄存器接口，代码如下：

```
Static inline unsigned int I2cWriteReg(unsigned int id, unsigned shortslaveAddr, unsigned char *
regAddr, unsigned int regLen, unsigned char * data, unsigned int len)
```

参数说明如下。

（1）id：I^2C 总线 id。

（2）idslaveAddr：从设备地址。

（3）regAddr：从设备寄存器地址。

（4）regLen：从设备寄存器地址长度。

（5）data：需要写入的消息。

（6）len：写入消息的长度。

（7）返回值：如果成功，则返回 TOY_SUCCESS；如果出错，则返回错误码。

C 文件，代码如下：

```
Include "toybrick.h"
defineATH20_ADDR0x38                    ＃定义从设备地址
defineI2C1_BUS1                         ＃I/O引脚配置
```

I^2C 写数据示例，代码如下：

```
len = 6;
buff[0] = 0xAC;
buff[1] = 0x33;
buff[2] = 0x00;
len = 3;
ret = I2cWrite(I2C1_BUS,ATH20_ADDR,buff,len);
```

```
if(ret < 0)
{
Return TOY_FAILURE;
}
len = 0; #ToyUdelay(75);
ret = I2cWrite(I2C1_BUS,ATH20_ADDR,buff,len);
if(ret < 0)
{
Return TOY_FAILURE;
}
```

I^2C 读取数据示例,代码如下:

```
buff[0] = 0x00;
buff[1] = 0x00;
buff[2] = 0x00;
len = 6;
ret = I2cRead(I2C1_BUS,ATH20_ADDR,buff,len);
if(ret < 0)
{
TOY_LOGE(LOG_FACTORY,"readerror: % d",ret);
Return TOY_FAILURE;
}
Return TOY_SUCCESS;
}
```

5.3 SPI

  串行外围设备接口(Serial Peripheral Interface,SPI)是一种高速、全双工、同步的通信总线。标准的 SPI 仅使用 4 个引脚,主要用于在主设备和从设备之间进行通信,常用于与闪存、实时时钟、传感器及模数转换器等进行通信。SPI 总线首次推出是在 1979 年,摩托罗拉公司将 SPI 总线集成在第一个改自 68 000 微处理器的微控制器芯片上。由于在芯片中只占用 4 个引脚用来控制及数据传输,节约了芯片的引脚数目,同时为 PCB 在布局上节省了空间。

  SPI 是一种同步串行通信协议,由一个主设备和一个或多个从设备组成,主设备启动与从设备的同步通信,从而完成数据的交换。SPI 规定了两个 SPI 设备之间通信必须由主设备(Master)来控制从设备(Slave)。一个主设备可以通过提供时钟及对从设备进行片选(Slave Select)来控制多个从设备。SPI 协议还规定从设备的时钟由主设备通过 SCK 引脚提供给从设备,从设备本身不能产生或控制时钟信号,如果没有时钟信号则从设备不能正常工作。

  主设备和从设备之间一般用 4 根线相连。

  (1) SCLK:时钟信号,由主设备产生。

  (2) MOSI:主设备数据输出,从设备数据输入。

  (3) MISO:主设备数据输入,从设备数据输出。

  (4) CS:片选,从设备使能信号,由主设备控制。

  SPI 通信通常由主设备发起,通过以下步骤完成一次通信:

  (1) 通过 CS 选中要通信的从设备,在任意时刻,一个主设备上最多只能有一个从设备被选中。

（2）通过 SCLK 给选中的从设备提供时钟信号。基于 SCLK 时钟信号，主设备数据通过 MOSI 发送给从设备，同时通过 MISO 接收从设备发送的数据，完成通信。

5.3.1　SPI 设备的连接

SPI 设备支持单个或多个从设备连接。

1. 单个从设备的连接

图 5-11 中仅有一个主从设备，时钟信号由主设备通过 SCK 引脚提供给从设备，MOSI/MISO 负责主从设备间的数据传输。主设备的 CS 引脚负责对从设备进行控制，如图 5-11 所示。

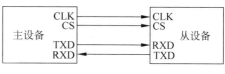

图 5-11　SPI 设备连接

2. 多个从设备的连接

（1）片选方式：每个从设备都需要单独的片选信号，主设备每次只能选择其中一个从设备进行通信。因为所有从设备的 SCLK、MOSI、MISO 都连在一起，未被选中的从设备的 MISO 要表现为高阻状态（Hi-Z）以避免数据传输错误。由于每个设备都需要单独的片选信号，所以如果需要的片选信号过多，则可以使用译码器产生所有的片选信号，如图 5-12 所示。

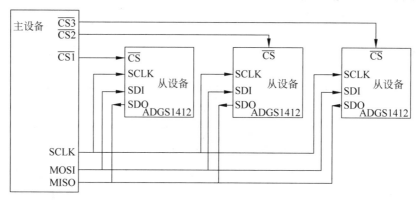

图 5-12　SPI 片选连接

（2）菊花链方式：数据信号经过主从设备所有的移位寄存器构成闭环。数据通过主设备发送（MOSI→SDI）经过从设备返回（SDI→MOSI）到主设备。在这种方式下，片选和时钟同时接到所有从设备，通常用于移位寄存器和 LED 驱动器。

注意，菊花链方式的主设备需要发送足够长的数据以确保数据送达到所有从设备，切记主设备所发送的第 1 个数据需（移位）到达菊花链中最后一个从设备。

菊花链式连接常用于仅需主设备发送数据而不需要接收返回数据的场合，如 LED 驱动器。在这种应用下，主设备 MISO 可以不连。如果需要接收从设备的返回数据，则需要连接主设备的 MISO 以形成闭环。同样地，切记要发送足够多的接收指令以确保数据（移位）送达主设备，如图 5-13 所示。

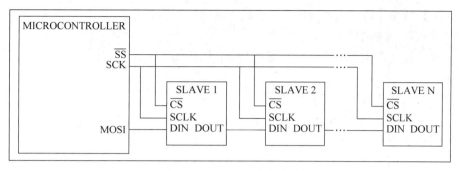

图 5-13　SPI 菊花链式连接

5.3.2　SPI 数据传输特性

SPI 总线传输一共有 4 种模式,这 4 种模式分别由时钟极性(Clock Polarity,CPOL)和时钟相位(Clock Phase,CPHA)来定义,其中 CPOL 参数规定了 SCK 时钟信号空闲状态的电平,CPHA 规定了数据是在 SCK 时钟的上升沿被采样还是下降沿被采样。

(1) 模式 0:CPOL=0,CPHA=0。当 SCK 串行时钟线空闲时为低电平,数据在 SCK 时钟的上升沿被采样,数据在 SCK 时钟的下降沿切换。

(2) 模式 1:CPOL=0,CPHA=1。当 SCK 串行时钟线空闲时为低电平,数据在 SCK 时钟的下降沿被采样,数据在 SCK 时钟的上升沿切换。

(3) 模式 2:CPOL=1,CPHA=0。当 SCK 串行时钟线空闲时为高电平,数据在 SCK 时钟的下降沿被采样,数据在 SCK 时钟的上升沿切换。

(4) 模式 3:CPOL=1,CPHA=1。当 SCK 串行时钟线空闲时为高电平,数据在 SCK 时钟的上升沿被采样,数据在 SCK 时钟的下降沿切换。

5.3.3　SPI 硬件寄存器

串行时钟相位和极性有 4 种可能的组合。时钟相位(SCPH)确定串行传输是从信号的下降沿开始还是从串行时钟的第 1 条边沿开始。当 SPI 空闲或禁用时,从设备选择线路保持高位。此 SPI 控制器可以在主模式或从模式下工作。SPI 控制器支持以下功能:

(1) 支持摩托罗拉 SPI、TI 同步串行协议和半导体微线接口(National Semiconductor Microwire Interface,NSMI)。

(2) 支持 32 位 APB 总线。

(3) 支持两个内部 16 位宽和 64 位深的先入先出,一个用于传输;另一个用于接收串行数据。

(4) 支持 4 位、8 位、16 位串行数据传输。

(5) 支持可配置中断极性。

(6) 支持异步 APB 总线和 SPI 时钟。

(7) 支持主从模式。

(8) 支持 DMA 握手协议及可配置 DMA 传输(DMA Waterlevel)。

(9) 支持传输 FIFO 空、下溢、接收 FIFO 满、溢出、中断,并且可以屏蔽所有中断。

（10）支持传输 FIFO 空和接收 FIFO 满中断的可配置位深。

（11）支持联合中断输出。

（12）在主模式下支持多达一半的 SPI 时钟频率传输，在从模式下支持六分之一的 SPI 时钟频率传输。

（13）支持全双工和半双工模式传输。

（14）在主模式下，如果发送 FIFO 为空或接收 FIFO 已满，则停止发送 SCLK。

（15）支持主模式下从芯片选择激活到 SCLK 激活的可配置延迟。

（16）支持主模式下两个并行数据之间芯片选择不活动的可配置周期。

（17）支持 big 和 little endian、MSB 和 LSB 首次传输。

（18）支持在一个 16 位宽的位置同时存储两个 8 位声频数据。

（19）支持采样 RXD0～3 个 SPI 时钟周期之后。

（20）支持可配置的 SCLK 极性和相位。

（21）支持固定地址和增量地址访问以传输和接收 FIFO。

（22）支持从模式超时机制。

（23）支持旁路从模式，其中 RX 和 TX 逻辑由 sclk_in 直接驱动，而非 spi_clk。

1. RK2206 的 SPI 片内结构模块

RK2206 的 SPI 片内结构模块如图 5-14 所示。

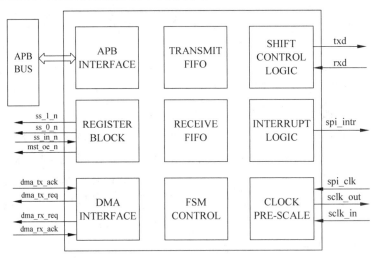

图 5-14　SPI 片内结构模块

（1）APB 接口：主设备处理器通过 APB 接口访问 SPI 上的数据、控制和状态信息。如果将数据帧大小（SPI_CTRL0[1:0]）设置为 8 位，则在读取或写入内部 FIFO 时，SPI 支持 32 位和 8 位或 16 位的 APB 数据总线宽度。

（2）DMA 接口：此模块具有与 DMA 控制器的握手接口，用于请求和控制传输。APB 总线用于执行与 DMA 控制器之间的数据传输。

（3）FIFO 逻辑：用于传输和接收传输，从 SPI 传输到外部串行设备的数据写入传输

FIFO。从外部串行设备接收到 SPI 的数据被推入接收 FIFO。两个 FIFO 均为 64×16 位。

（4）FSM 控制：控制状态的转换设计。

（5）寄存器块：SPI 中的所有寄存器均在 32 位边界寻址，以保持与 APB 总线一致。如果任何寄存器的物理大小小于 32 位宽，则保留 32 位边界的未使用高位。如果写入这些位没有效果，则从这些位读取并返回 0。

（6）移位控制：移位控制逻辑将数据从发送 FIFO 或接收 FIFO 移位。此逻辑自动右对齐接收 FIFO 缓冲区中的接收数据。

（7）中断控制：SPI 支持组合和单独的中断请求，每个请求都可以被屏蔽。组合中断请求是屏蔽后所有其他 SPI 中断的"或"结果。

2. SPI 模块时钟速率

当 SPI 控制器作为主设备工作时，Fspi_clk≥2×（最大 Fsclk_out）；当 SPI 控制器作为从设备工作时，Fspi_clk≥6×（最大 Fsclk_in）。

对于 SPI，需要确定时钟极性（SCPOL）配置参数，串行时钟的非活动状态为高或低。要传输数据，两个 SPI 外围设备必须具有相同的串行时钟相位和时钟极性值。数据框长度可以是 4 位、8 位、16 位。当配置参数 SCPH＝0 时，数据传输从下降沿开始。从设备选择信号。第 1 个数据位由主外围设备和从外围设备捕获在串行时钟的第 1 条边缘，因此，txd 上必须存在有效数据，以及第 1 个串行时钟边缘之前的 rxd 线。SCPH＝0 的单个 SPI 数据传输示意图如图 5-15 所示，串行时钟显示为配置参数 SCPOL＝0 和 SCPOL＝1。

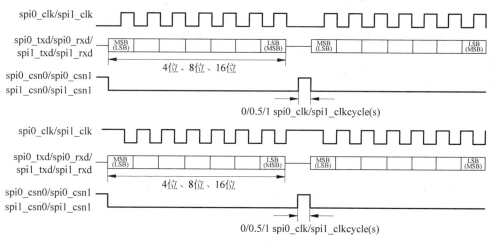

图 5-15 SPI 数据传输示意图

当配置参数 SCPH＝1 时，主外围设备和从外围设备都开始在从属选择线激活后，在第 1 个串行时钟边缘传输数据。第 1 个数据位在第 2 个（后续）串行时钟边缘捕获。数据传播方式串行时钟前沿的主外围设备和从外围设备。在连续数据帧传输时，从设备选择线可能会保持低激活状态，直到已捕获最后一帧。配置参数 SCPH＝1 时的 SPI 格式如图 5-16 所示。

3. SPI 寄存器概述

SPI 寄存器的描述如表 5-6 所示。

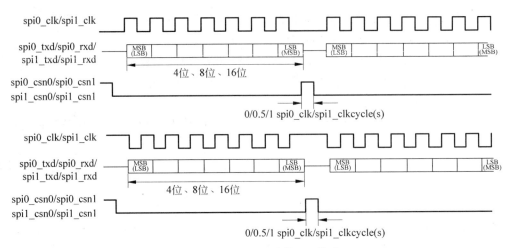

图 5-16 SCPH＝1 时的 SPI 格式

表 5-6 SPI 寄存器的描述

寄 存 器	起始地址	大小	默认值	描 述
SPI CTRLRO	0x0000	W	0x00000002	控制寄存器 0
SPI CTRLR1	0x0004	W	0x00000000	控制登记册 1
SPI ENR	0x0008	W	0x00000000	SPI 使能寄存器
SPI SER	0x000c	W	0x00000000	从启用寄存器
SPI BAUDR	0x0010	W	0x00000000	选择波特率
SPI TXFTLR	0x0014	W	0x00000000	发送 FIFO 阈值级别
SPI RXFTLR	0x0018	W	0x00000000	接收 FIFO 阈值级别
SPI _TXFLR	0x001c	W	0x00000000	传输 FIFO 电平
SPI RXFLR	0x0020	W	0x00000000	接收 FIFO 电平
SPI SR	0x0024	W	0x00000000	SPI 状态
SPI IPR	0x0028	W	0x00000000	中断极性
SPI IMR	0x002c	W	0x00000000	中断屏蔽
SPI ISR	0x0030	W	0x00000000	中断状态
SPI RISR	0x0034	W	0x00000001	原始中断状态
SPI ICR	0x0038	W	0x00000000	中断清晰
SPI DMACR	0x003c	W	0x00000000	直接存储器存取控制
SPI DMATDLR	0x0040	W	0x00000000	DMA 传输数据级别
SPI DMARDLR	0x0044	W	0x00000000	DMA 接收数据级别
SPI TIMEOUI	0x004c	W	0x00000000	超时控制寄存器
SPI BYPASS	0x0050	W	0x00000000	旁路控制寄存器
SPI TXDR	0x0400	W	0x00000000	传输 FIFO 数据
SPI RXDR	0x0800	W	0xQ10000000	接收 FIFO 数据

5.3.4 接口说明

包含头文件,代码如下:

```
Include "toybrick.h"
```

SPI 设备初始化接口,代码如下:

```
Unsigned int SpiIoInit(SpiBusIoio);
```

参数说明如下。

(1) io:SPI 设备 I/O 引脚配置。

(2) 返回值:如果成功,则返回 TOY_SUCCESS;如果出错,则返回错误码。

SPI 设备初始化接口,代码如下:

```
Unsigned int SpiInit(unsigned int id, SpiConfig conf);
```

参数说明如下。

(1) id:SPI 总线 id。

(2) idconf:SPI 配置信息。

(3) 返回值:如果成功,则返回 TOY_SUCCESS;如果出错,则返回错误码。

SPI 设备释放接口,代码如下:

```
Unsigned int SpiDeinit(unsigned int id);
```

参数说明如下。

(1) id:SPI 总线 id。

(2) 返回值:如果成功,则返回 TOY_SUCCESS;如果出错,则返回错误码。

SPI 设备转发数据,代码如下:

```
Unsigned int SpiTransfer(unsigned int id, SpiMsg * msg);
```

参数说明如下。

(1) id:SPI 总线 id。

(2) idmsg:SPI 转发数据。

(3) 返回值:如果成功,则返回 TOY_SUCCESS;如果出错,则返回错误码。

SPI 写数据,代码如下:

```
Static inline unsigned int SpiWrite (unsigned int id, unsigned int chn, const void * buf, unsigned
int len);
```

参数说明如下。

(1) id:SPI 总线 id。

(2) idchn:SPI 通道。

(3) idbuf:写入数据。

(4) len:写入数据的长度。

(5) 返回值:如果成功,则返回 TOY_SUCCESS;如果出错,则返回错误码。

SPI 读数据,代码如下:

```
Static inline unsigned int SpiRead(unsigned int id, unsigned int chn,
void * buf, unsigned int len)
```

参数说明如下。

(1) id:SPI 总线 id。

(2) idchn:SPI 通道。

(3) idbuf:写入数据。

(4) len:写入数据的长度。

(5) 返回值:如果成功,则返回 TOY_SUCCESS;如果出错,则返回错误码。

SPI 设备修改配置,代码如下:

```
Unsigned int SpiSetConfig(unsigned int id, SpiConfigconf);
```

参数说明如下。

(1) id:SPI 总线 id。

(2) idconf:SPI 配置信息。

(3) 返回值:如果成功,则返回 TOY_SUCCESS;如果出错,则返回错误码。

5.3.5 使用实例

SPI 相关的驱动程序如下:

```
//第 5 章/SPI.c
/ *
 * Copyright (c) 2022 FuZhou HMCHIP. All rights reserved.
 * /
# include < stdint. h >
# include "hdf_device_desc. h"
# include "device_resource_if. h"
# include "hdf_base. h"
# include "hdf_log. h"
# include "osal. h"
# include "osal_mem. h"
# include "osal_sem. h"
# include "osal_time. h"
# include "spi_core. h"
# include "spi_if. h"
# include "hmchip_hardware. h"
# define HDF_LOG_TAG             spi_driver_rk2206
# define BITS_PER_WORD_DEFAULT   8
# define BITS_PER_WORD_8 位 S    8
# define BITS_PER_WORD_10 位 S   10
typedef struct tag_hcs_info {
    uint32_t deviceNum;
    uint32_t busNum;
    uint32_t numCs;
    uint32_t maxSpeedHz;
    uint32_t mode;
    uint32_t transferMode;
    uint32_t bitsPerWord;
```

```
    uint32_t gpioCs;
    uint32_t gpioClk;
    uint32_t gpioMosi;
    uint32_t gpioMiso;
    uint32_t csM;
    uint32_t speed;
    uint32_t isSlave;
}hcs_info_s;
typedef struct tag_spi_info {
    struct SpiCntlr * cntlr;
    struct DListHeaddeviceList;
hcs_info_shcs_info;
}spi_info_s;
////////////////
static int32_t SpiCfg2LzCfg(struct SpiCfg * spiConfig, uint32_t speed, uint32_t csM, uint32_t
isSlave, hmSpiConfig * pconf)
{
    if ((spiConfig == NULL) || (pconf == NULL))
    {
        HDF_LOGE("%s, %d: spiConfig or pconf is null", __func__, __LINE__);
        return HDF_ERR_INVALID_PARAM;
    }
pconf -> bitsPerWord = (spiConfig -> bitsPerWord == BITS_PER_WORD_8位S) ? (SPI_PERWORD_8位
S) : (SPI_PERWORD_16位S);
pconf -> firstBit = (spiConfig -> mode & SPI_MODE_LSBFE) ? (SPI_LSB) : (SPI_MSB);
    if (spiConfig -> mode & SPI_CLK_PHASE)
    {
        if (spiConfig -> mode & SPI_CLK_POLARITY)
pconf -> mode = SPI_MODE_3;
        else
pconf -> mode = SPI_MODE_0;
    }
    else
    {
        if (spiConfig -> mode & SPI_CLK_POLARITY)
pconf -> mode = SPI_MODE_2;
        else
pconf -> mode = SPI_MODE_1;
    }
pconf -> speed = speed;
pconf -> csm = csM;
pconf -> isSlave = isSlave;
    return HDF_SUCCESS;
}

static struct SpiDev * FindDeviceByCsNum(const spi_info_s * pspi_info, uint32_t cs)
{
    struct SpiDev * dev = NULL;
    struct SpiDev * tmpDev = NULL;
    if ((pspi_info == NULL) || (pspi_info -> hcs_info.numCs <= cs))
    {
        HDF_LOGE("%s, %d: pspi_info or pspi_info.hcs_info.numCs is null", __func__, __FILE__);
        return NULL;
```

```
        }
        DLIST_FOR_EACH_ENTRY_SAFE(dev, tmpDev, &(pspi_info->deviceList), struct SpiDev, list) {
            if (dev->csNum == cs)
                break;
        }
        return dev;
    }
    static int32_t HdfSpiDriverOpen(struct SpiCntlr * cntlr)
    {
        (void)cntlr;
        return HDF_SUCCESS;
    }
    static int32_t HdfSpiDriverClose(struct SpiCntlr * cntlr)
    {
        (void)cntlr;
        return HDF_SUCCESS;
    }
    static int32_t HdfSpiDriverSetCfg(struct SpiCntlr * cntlr, struct SpiCfg * cfg)
    {
    spi_info_s * pspi_info = NULL;
        struct SpiDev * spiDev = NULL;
        if ((cntlr == NULL) || (cntlr->priv == NULL) || (cfg == NULL))
        {
            HDF_LOGE("%s, %d: cnltr or cntlr->priv or cfg is null", __func__, __FILE__);
            return HDF_ERR_INVALID_PARAM;
        }
    pspi_info = (spi_info_s *)cntlr->priv;
    spiDev = FindDeviceByCsNum(pspi_info, cntlr->curCs);
        if (spiDev == NULL)
        {
            HDF_LOGE("%s, %d: spiDev is null, curCs %u", __func__, __FILE__, cntlr->curCs);
            return HDF_FAILURE;
        }
    spiDev->cfg.mode = cfg->mode;
    spiDev->cfg.transferMode = cfg->transferMode;
    spiDev->cfg.bitsPerWord = cfg->bitsPerWord;
        if ((cfg->bitsPerWord != BITS_PER_WORD_8位S) || (cfg->bitsPerWord != BITS_PER_WORD_10位
    S))
        {
            HDF_LOGE("%s: bitsPerWord %u not support, use default bitsPerWord %u",
                    __func__, cfg->bitsPerWord, BITS_PER_WORD_DEFAULT);
    spiDev->cfg.bitsPerWord = BITS_PER_WORD_DEFAULT;
        }
        if (cfg->maxSpeedHz != 0)
        {
    spiDev->cfg.maxSpeedHz = cfg->maxSpeedHz;
        }
        return HDF_SUCCESS;
    }
    static int32_t HdfSpiDriverGetCfg(struct SpiCntlr * cntlr, struct SpiCfg * cfg)
    {
    spi_info_s * pspi_info = NULL;
        struct SpiDev * spiDev = NULL;
```

```
    HDF_LOGE("%s: Enter", __func__);
    if ((cntlr == NULL) || (cntlr->priv == NULL) || (cfg == NULL))
    {
        HDF_LOGE("%s, %d: invalid parameter", __func__, __LINE__);
        return HDF_ERR_INVALID_PARAM;
    }
pspi_info = (spi_info_s *)cntlr->priv;
spiDev = FindDeviceByCsNum(pspi_info, cntlr->curCs);
    if (spiDev == NULL)
    {
        HDF_LOGE("%s, %d: spiDev is null, curCs %u", __func__, __LINE__, cntlr->curCs);
        return HDF_FAILURE;
    }
cfg->mode = spiDev->cfg.mode;
cfg->transferMode = spiDev->cfg.transferMode;
cfg->bitsPerWord = spiDev->cfg.bitsPerWord;
cfg->maxSpeedHz = spiDev->cfg.maxSpeedHz;
    return HDF_SUCCESS;
}
static int32_t HdfSpiDriverTransfer(struct SpiCntlr *cntlr, struct SpiMsg *msg, uint32_t
count)
{
    int32_t ret;
spi_info_s *pspi_info = NULL;
    struct SpiDev *spiDev = NULL;
hmSpiConfighmConf = {
.bitsPerWord = SPI_PERWORD_8位S,
.firstBit = SPI_MSB,
.mode = SPI_MODE_3,
.csm = SPI_CMS_ONE_CYCLES,
.speed = 50000000,
.isSlave = false
    };
    if ((cntlr == NULL) || (cntlr->priv == NULL) || (msg == NULL) || (count == 0))
    {
        HDF_LOGE("%s, %d: invalid parameter", __func__, __LINE__);
        return HDF_ERR_INVALID_PARAM;
    }
pspi_info = (spi_info_s *)cntlr->priv;
spiDev = FindDeviceByCsNum(pspi_info, cntlr->curCs);
    if (spiDev == NULL)
    {
        HDF_LOGE("%s, %d: spiDev is null, curCs %u", __func__, __LINE__, cntlr->curCs);
        return HDF_FAILURE;
    }
    SpiCfg2LzCfg(&spiDev->cfg, pspi_info->hcs_info.speed, pspi_info->hcs_info.csM, pspi_
info->hcs_info.isSlave, &hmConf);
    for (uint32_t i = 0; i < count; i++)
    {
        if (msg[i].wbuf != NULL)
        {
            ret = hmSpiWrite(pspi_info->hcs_info.busNum, 0, msg[i].wbuf, msg[i].len);
            if (ret != HMCHIP_HARDWARE_SUCCESS)
```

```
            {
                HDF_LOGE("%s, %d: LzSpiWrite error(%d)", __func__, __LINE__, ret);
                return HDF_FAILURE;
            }
        }
        if (msg[i].rbuf != NULL)
        {
            ret = hmSpiRead(pspi_info->hcs_info.busNum, 0, msg[i].rbuf, msg[i].len);
            if (ret != HMCHIP_HARDWARE_SUCCESS)
            {
                HDF_LOGE("%s, %d: LzSpiRead error(%d)", __func__, __LINE__, ret);
                return HDF_FAILURE;
            }
        }
    }

    return HDF_SUCCESS;
}
struct SpiCntlrMethodg_spiMethod = {
.Transfer = HdfSpiDriverTransfer,
.SetCfg = HdfSpiDriverSetCfg,
.GetCfg = HdfSpiDriverGetCfg,
.Open = HdfSpiDriverOpen,
.Close = HdfSpiDriverClose,
};
static int32_t HdfSpiDriverReadHcs(spi_info_s * pspi_info, const struct DeviceResourceNode *
node)
{
    struct DeviceResourceIface * iface = NULL;
hcs_info_s * phcs_info = NULL;
    if (node == NULL)
    {
        HDF_LOGE("%s, %d: node is null", __func__, __FILE__);
        return HDF_ERR_INVALID_PARAM;
    }
    if (pspi_info == NULL)
    {
        HDF_LOGE("%s, %d: pspi_info is null", __func__, __FILE__);
        return HDF_ERR_INVALID_PARAM;
    }
phcs_info = &pspi_info->hcs_info;
iface = DeviceResourceGetIfaceInstance(HDF_CONFIG_SOURCE);
    if ((iface == NULL) || (iface->GetUint32 == NULL) || (iface->GetUint8 == NULL))
    {
        HDF_LOGE("%s, %d: node is null", __func__, __FILE__);
        return HDF_ERR_INVALID_PARAM;
    }
    if (iface->GetUint32(node, "deviceNum", &phcs_info->deviceNum, 0) != HDF_SUCCESS)
    {
        HDF_LOGE("%s: read hcsdeviceNum fail", __func__);
        return HDF_FAILURE;
    }
    if (iface->GetUint32(node, "busNum", &phcs_info->busNum, 0) != HDF_SUCCESS)
```

```
    {
        HDF_LOGE(" % s: read hcsbusNum fail", __func__);
        return HDF_FAILURE;
    }
    if (iface->GetUint32(node, "numCs", &phcs_info->numCs, 0) != HDF_SUCCESS)
    {
        HDF_LOGE(" % s: read hcsnumCs fail", __func__);
        return HDF_FAILURE;
    }
    if (iface->GetUint32(node, "maxSpeedHz", &phcs_info->maxSpeedHz, 0) != HDF_SUCCESS)
    {
        HDF_LOGE(" % s: read hcsmaxSpeedHz fail", __func__);
        return HDF_FAILURE;
    }
    if (iface->GetUint32(node, "mode", &phcs_info->mode, 0) != HDF_SUCCESS)
    {
        HDF_LOGE(" % s: read hcs mode fail", __func__);
        return HDF_FAILURE;
    }
    if (iface->GetUint32(node, "transferMode", &phcs_info->transferMode, 0) != HDF_SUCCESS)
    {
        HDF_LOGE(" % s: read hcstransferMode fail", __func__);
        return HDF_FAILURE;
    }
    if (iface->GetUint32(node, "bitsPerWord", &phcs_info->bitsPerWord, 0) != HDF_SUCCESS)
    {
        HDF_LOGE(" % s: read hcsbitsPerWord fail", __func__);
        return HDF_FAILURE;
    }
    if (iface->GetUint32(node, "gpioCs", &phcs_info->gpioCs, 0) != HDF_SUCCESS)
    {
        HDF_LOGE(" % s: read hcsgpioCs fail", __func__);
        return HDF_FAILURE;
    }
    if (iface->GetUint32(node, "gpioClk", &phcs_info->gpioClk, 0) != HDF_SUCCESS)
    {
        HDF_LOGE(" % s: read hcsgpioClk fail", __func__);
        return HDF_FAILURE;
    }
    if (iface->GetUint32(node, "gpioMosi", &phcs_info->gpioMosi, 0) != HDF_SUCCESS)
    {
        HDF_LOGE(" % s: read hcsgpioMosi fail", __func__);
        return HDF_FAILURE;
    }
    if (iface->GetUint32(node, "csM", &phcs_info->csM, 0) != HDF_SUCCESS)
    {
        HDF_LOGE(" % s: read hcscsM fail", __func__);
        return HDF_FAILURE;
    }
    if (iface->GetUint32(node, "speed", &phcs_info->speed, 0) != HDF_SUCCESS)
    {
        HDF_LOGE(" % s: read hcs speed fail", __func__);
        return HDF_FAILURE;
```

```
    }
    if (iface->GetUint32(node, "isSlave", &phcs_info->isSlave, 0) != HDF_SUCCESS)
    {
        HDF_LOGE("%s: read hcsisSlave fail", __func__);
        return HDF_FAILURE;
    }
    return HDF_SUCCESS;
}
static void HdfSpiDriverDeviceDeinit(spi_info_s * pspi_info)
{
    struct SpiDev * dev = NULL;
    struct SpiDev * tmpDev = NULL;
    if (pspi_info == NULL)
    {
        HDF_LOGE("%s, %d: pspi_info is null", __func__, __FILE__);
        return;
    }
    DLIST_FOR_EACH_ENTRY_SAFE(dev, tmpDev, &(pspi_info->deviceList), struct SpiDev, list) {
DListRemove(&(dev->list));
OsalMemFree(dev);
    }
OsalMemFree(pspi_info);
pspi_info = NULL;
}
static int32_t HdfSpiDriverDeviceInit(struct SpiCntlr * cntlr, const struct HdfDeviceObject *
device)
{
    int32_t ret;
spi_info_s * pspi_info = NULL;
hcs_info_s * phcs_info = NULL;
    unsigned int busNum = 0;
SpiBusIospiBus = {
        .cs =    {.gpio = INVALID_GPIO, .func = MUX_FUNC4, .type = PULL_UP, .drv = DRIVE_KEEP,
.dir = HMGPIO_DIR_KEEP, .val = HMGPIO_LEVEL_KEEP},
.clk =   {.gpio = INVALID_GPIO, .func = MUX_FUNC4, .type = PULL_UP, .drv = DRIVE_KEEP, .dir =
HMGPIO_DIR_KEEP, .val = HMGPIO_LEVEL_KEEP},
.mosi = {.gpio = INVALID_GPIO, .func = MUX_FUNC4, .type = PULL_UP, .drv = DRIVE_KEEP, .dir =
HMGPIO_DIR_KEEP, .val = HMGPIO_LEVEL_KEEP},
.miso = {.gpio = INVALID_GPIO, .func = MUX_FUNC4, .type = PULL_UP, .drv = DRIVE_KEEP, .dir =
HMGPIO_DIR_KEEP, .val = HMGPIO_LEVEL_KEEP},
.miso = {.gpio = INVALID_GPIO, .func = MUX_FUNC4, .type = PULL_UP, .drv = DRIVE_KEEP, .dir =
HMGPIO_DIR_KEEP, .val = HMGPIO_LEVEL_KEEP},
        .id = FUNC_ID_SPI0,
.mode = FUNC_MODE_M1,
    };
hmSpiConfigspiConf = {
.bitsPerWord = SPI_PERWORD_8位S,
.firstBit = SPI_MSB,
.mode = SPI_MODE_3,
.csm = SPI_CMS_ONE_CYCLES,
.speed = 50000000,
.isSlave = false
    };
```

```
    if (device - > property == NULL)
    {
        HDF_LOGE(" % s, % d: property is null", __func__, __FILE__);
        return HDF_ERR_INVALID_PARAM;
    }
pspi_info = (spi_info_s * )OsalMemCalloc(sizeof(spi_info_s));
    if (pspi_info == NULL)
    {
        HDF_LOGE(" % s, % d: OsalMemCalloc failed!", __func__, __LINE__);
        return HDF_ERR_MALLOC_FAIL;
    }
    ret = HdfSpiDriverReadHcs(pspi_info, device - > property);
    if (ret != HDF_SUCCESS)
    {
        HDF_LOGE(" % s, % d: HdfSpiDriverReadHcs failed!", __func__, __LINE__);
gotoerr_read_hcs;
    }
phcs_info = &(pspi_info - > hcs_info);
DListHeadInit(&pspi_info - > deviceList);
pspi_info - > cntlr = cntlr;
cntlr - > priv = pspi_info;
cntlr - > busNum = pspi_info - > hcs_info.busNum;
cntlr - > method = &g_spiMethod;
    /* 添加设备数量 */
    for (uint32_t i = 0; i < phcs_info - > numCs; i++)
    {
        struct SpiDev * device_temp = (struct SpiDev * )OsalMemCalloc(sizeof(struct SpiDev));
        if (device_temp == NULL)
        {
            HDF_LOGE(" % s, % d: OsalMemCalloc error", __func__, __LINE__);
            ret = HDF_FAILURE;
gotoerr_mem_calloc;
        }
device_temp - > cntlr = pspi_info - > cntlr;
device_temp - > csNum = i;
device_temp - > cfg.maxSpeedHz = phcs_info - > maxSpeedHz;
device_temp - > cfg.mode = phcs_info - > mode;
device_temp - > cfg.transferMode = phcs_info - > transferMode;
device_temp - > cfg.bitsPerWord = phcs_info - > bitsPerWord;
DListHeadInit(&device_temp - > list);
DListInsertTail(&device_temp - > list, &pspi_info - > deviceList);
    }
spiBus.cs.gpio = phcs_info - > gpioCs;
spiBus.clk.gpio = phcs_info - > gpioClk;
spiBus.mosi.gpio = phcs_info - > gpioMosi;
spiBus.miso.gpio = phcs_info - > gpioMiso;
    switch (phcs_info - > busNum)
    {
        case 0:
            spiBus.id = FUNC_ID_SPI0;
spiBus.mode = FUNC_MODE_M1;
            break;
        case 1:
```

```
            spiBus.id = FUNC_ID_SPI1;
spiBus.mode = FUNC_MODE_M1;
            break;
        default:
            HDF_LOGE("%s, %d: HdfSpiDriverReadHcs failed!", __func__, __LINE__);
gotoerr_switch_busNum;
            break;
    }
spiConf.bitsPerWord = (phcs_info->bitsPerWord == 8) ? (SPI_PERWORD_8位S) : (SPI_PERWORD_16
位S);
spiConf.firstBit = (phcs_info->mode & SPI_MODE_LSBFE) ? (SPI_LSB) : (SPI_MSB);
    if (phcs_info->mode & SPI_CLK_PHASE)
    {
        if (phcs_info->mode & SPI_CLK_POLARITY)
        {
spiConf.mode = SPI_MODE_3;
        }
        else
        {
spiConf.mode = SPI_MODE_0;
        }
    }
    else
    {
        if (phcs_info->mode & SPI_CLK_POLARITY)
        {
spiConf.mode = SPI_MODE_2;
        }
        else
        {
spiConf.mode = SPI_MODE_1;
        }
    }
spiConf.speed = phcs_info->speed;
spiConf.csm = phcs_info->csM;
spiConf.isSlave = phcs_info->isSlave;
SpiIoInit(spiBus);
LzSpiInit(phcs_info->busNum, spiConf);
    return HDF_SUCCESS;
err_switch_busNum:
err_mem_calloc:
HdfSpiDriverDeviceDeinit(pspi_info);
err_read_hcs:
    if (pspi_info != NULL)
    {
OsalMemFree(pspi_info);
pspi_info = NULL;
    }
    return ret;
}
static int32_t HdfSpiDriverInit(struct HdfDeviceObject * device)
{
    int32_t ret;
```

```c
    struct SpiCntlr * cntlr = NULL;
printf("%s, %d: %s Entry!\n", __FILE__, __LINE__, __func__);
    HDF_LOGI("%s: entry", __func__);
    if ((device == NULL) || (device->property == NULL))
    {
        HDF_LOGE("%s, %d: device or property is null", __func__, __FILE__);
        return HDF_ERR_INVALID_OBJECT;
    }
cntlr = SpiCntlrFromDevice(device);
    if (cntlr == NULL)
    {
        HDF_LOGE("%s, %d: cntlr is null", __func__, __FILE__);
        return HDF_FAILURE;
    }
    ret = HdfSpiDriverDeviceInit(cntlr, device);
    if (ret != HDF_SUCCESS)
    {
        HDF_LOGE("%s, %d: HdfSpiDriverDeviceInit error(%d)", __func__, __FILE__, ret);
        return ret;
    }
    return HDF_SUCCESS;
}
static void HdfSpiDriverRelease(struct HdfDeviceObject * device)
{
    struct SpiCntlr * cntlr = NULL;
    HDF_LOGE("%s: Enter", __func__);
    if (device == NULL)
    {
        HDF_LOGE("%s, %d: device is null", __func__, __LINE__);
        return;
    }
cntlr = SpiCntlrFromDevice(device);
    if (cntlr == NULL)
    {
        HDF_LOGE("%s, %d: cntlr is null", __func__, __LINE__);
        return;
    }
    if (cntlr->priv != NULL)
    {
spi_info_s * pspi_info = (spi_info_s * )&cntlr->priv;
        struct SpiDev * dev = NULL;
        struct SpiDev * tmpDev = NULL;
        DLIST_FOR_EACH_ENTRY_SAFE(dev, tmpDev, &(pspi_info->deviceList), struct SpiDev, list) {
            if (dev != NULL)
{DListRemove(&(dev->list));
OsalMemFree(dev);}}
OsalMemFree(pspi_info);
    }
SpiCntlrDestroy(cntlr);
}
static int32_t HdfSpiDriverBind(struct HdfDeviceObject * device)
{
    struct SpiCntlr * cntlr = NULL;
```

```
    HDF_LOGE("%s: Enter", __func__);
    if (device == NULL)
    {
        HDF_LOGE("%s, %d: device is null", __func__, __FILE__);
        return HDF_ERR_INVALID_OBJECT;
    }
cntlr = SpiCntlrCreate(device);
    if (cntlr == NULL)
    {
        HDF_LOGE("%s, %d: SpiCntlrCreate error", __func__, __FILE__);
        return HDF_FAILURE;
    }

    return HDF_SUCCESS;
}
struct HdfDriverEntryg_spiDriverEntry = {
.moduleVersion = 1,
.moduleName = "spi_driver_rk2206",
.Bind = HdfSpiDriverBind,
.Init = HdfSpiDriverInit,
.Release = HdfSpiDriverRelease,
};
HDF_INIT(g_spiDriverEntry);
```

5.4 PWM

5.4.1 简介

脉冲宽度调制(Pulse Width Modulation,PWM)简称脉宽调制,通过调制一系列脉冲的宽度,等效计算所需的波形(包括形状和振幅),对模拟信号电平进行数字编码。也就是说,通过调节占空比的变化来调节信号、能量等的变化。占空比指在一个周期内信号处于高电平的时间占所有信号周期的比例,广泛应用在从测量、通信到功率控制与变换的许多领域中。

PWM的一个优点是从处理器到被控系统信号都是数字形式的,无须进行数模转换。以数字形式表示信号,可以将噪声影响降到最小。对噪声抵抗能力的增强是PWM相对于模拟控制的另外一个优点,而且这也是在某些时候将PWM用于通信的主要原因。从模拟信号转向PWM可以极大地延长通信距离。在接收端,通过适当的RC或LC网络可以滤除调制高频方波并将信号还原为模拟形式。

PWM信号输出的方式如下:

(1)芯片内直接输出,如果芯片内集成了PWM模块,则可以直接从芯片内部模块输出PWM信号。具有PWM输出的功能模块编程简单,同时数据更准确。

(2)可以利用I/O端口设置参数并输出PWM信号。这种方式适用于IC内部没有PWM功能模块,或者可以利用I/O端口设置一些参数并输出PWM信号的情况。这是因为PWM信号实际上是高电平和低电平一系列电平的组合。具体方法是对I/O进行定时,请求输出的PWM信号的频率与定时器一致,通过定时器中断进行计数。

PWM的频率指1s内信号从高电平到低电平,再回到高电平的次数(一个周期)。

PWM 占空比是一个脉冲周期内,高电平的时间占整个周期时间的比例。

PWM 就是在合适的信号频率下,通过在一个周期里改变占空比的方式改变输出的有效电压,PWM 频率越大,响应越快。

5.4.2 PWM 硬件控制

RK2206 中的 PWM 模块可提供一种生成用于电机控制的脉冲周期波形的方法,或者可以作为带有一些外部组件的数模转换器。PWM 模块支持以下功能:

(1) 4 个内置 PWM 通道。

(2) 支持捕获模式。

(3) 测量输入波形的高/低极性有效周期。

(4) 在输入波形极性转换时生成单个中断。

(5) 32 位高极性捕获寄存器。

(6) 32 位低极性捕获寄存器。

(7) 32 位电流值寄存器。

(8) 捕获结果可以存储在 FIFO 中,FIFO 的深度为 8。FIFO 可由 CPU 或 DMA 读取。

(9) 通道 3 支持 32 位电源密钥捕获模式。

(10) 支持在通道 3 和通道 0、1、2 之间切换通道 I/O。

(11) 支持输入过滤器以消除故障。

(12) 支持连续模式或一次触发模式。

(13) 32 位周期计数器。

(14) 32 位占空寄存器。

(15) 32 位电流值寄存器。

(16) 可以配置处于非活动状态的 PWM 输出极性和占空比。

(17) 极性周期和占空比是可编程的,当时钟有效期结束或通道禁用时更改生效。

(18) 可设置中心对齐或左对齐输出,当时钟有效期结束或通道禁用时更改生效。

(19) 用于一次性操作的 8 位重复计数器。一次性操作将产生 $N+1$ 波形周期,其中 N 是重复计数器值,并生成操作结束时的单个中断;连续模式连续生成波形,不生成任何中断。

(20) 支持两个主时钟输入,一个来自晶体振荡器,频率固定;另一个来自 PLL,可以配置频率。每个通道可以根据要求选择其中一个时钟。支持两级分频。可用的低功耗模式可在通道处于非活动状态时降低功耗。硬件模块结构如图 5-17 所示。

主处理器通过 APB 从接口访问 PWM 寄存器块,该寄存器块拥有 32 位总线宽度,并且可以激活高电平中断。PWM 模块仅支持一个中断输出,可以通过查看中断寄存器了解中断是否被激活。PWM 通道是 PWM 模块的控制逻辑,可以根据配置的工作模式控制 PWM 的操作。

RK2206 的 PWM 支持 3 种操作模式:捕获模式、一次触发模式和连续模式。对于一次触发模式和连续模式,可以用左对齐模式或中心对齐模式配置 PWM 输出。PWM 通道是 PWM 模块的控制逻辑,用于配置 PWM 的工作模式。

PWM 硬件寄存器描述如表 5-7 所示。

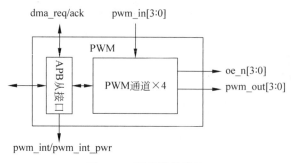

图 5-17　硬件模块结构

表 5-7　PWM 硬件寄存器描述

寄　存　器	起始位置	大小	初始值	描　　述
PWM PWMO CNI	0x0000	W	0x00000000	PWM 通道 0 计数器寄存器
PWM _PWM0_PERIOD _HPR	0x0004	W	0x00000000	PWM 通道 0 周期寄存器/高极性捕获寄存器
PWM PWMO DUTY LPR	0x0008	W	0x00000000	PWM 通道 0 寄存器/低极性捕获寄存器
PWM _PWMO _CTRL	0x000c	W	0x00000000	PWM 通道 0 控制寄存器

其他 PWM0～PWM3 均有以上的计数器寄存器、周期寄存器、控制寄存器、占空比控制寄存器，如表 5-8 所示。

表 5-8　PWM 硬件寄存器描述

寄　存　器	起始地址	大　小	初始值	描　　述
PWM INTSTS	0x0040	W	0x00000000	中断状态寄存器
PWM INT EN	0x0044	W	0x00000000	中断使能寄存器
PWM _FIFO_CTRL	0x0050	W	0x00000000	PWM 通道 3 FIFO 模式控制寄存器
PWM FIFO INTSTS	0x0054	W	0x00000010	FIFO 中断状态寄存器
PWM FIFO TOUTTHR	0x0058	W	0x00000000	FIFO 超时阈值寄存器
PWM VERSION ID	0x005c	W	0x02120b34	PWM 版本 ID 寄存器
PWM _FIFO	0x0060	W	0x00000000	FIFO 寄存器
PWM PWRMATCH _CTRL	0x0080	W	0x00000000	电源键匹配控制寄存器
PWM PWRMATCH LPRE	0x0084	W	0x238c22c4	低预载电源键匹配寄存器
PWM PWRMATCH HPRE	0x0088	W	0x11f81130	高预载电源键匹配寄存器

续表

寄 存 器	起始地址	大　　小	初始值	描　　述
PWM _PWRMATCH _LD	0x008c	W	0x029401cc	低数据的电源键匹配寄存器
PWM PWRMATCH HD ZERO	0x0090	W	0x029401cc	电源键匹配的高数据 0 寄存器
PWM PWRMATCH_HD_ONE	0x0094	W	0x06fe0636	电源键匹配的高数据 1 寄存器
PWM PWRMATCH VALUE0	0x0098	W	0x00000000	电源键匹配值 0 寄存器

5.4.3　接口说明

包含头文件,代码如下:

```
include "toybrick.h"
```

PWM 设备 I/O 初始化,代码如下:

```
Unsigned int PwmIoInit(PwmBusIoio);
```

参数说明如下。

(1) io:PWM 设备 I/O 配置。

(2) 返回值:如果成功,则返回 TOY_SUCCESS;如果出错,则返回错误码。

PWM 设备初始化接口,代码如下:

```
Unsigned int PwmInit(unsignedintport);
```

参数说明如下。

(1) port:PWM 设备 id。

(2) 返回值:如果成功,则返回 TOY_SUCCESS;如果出错,则返回错误码。

PWM 设备释放接口,代码如下:

```
Unsigned int PwmDeinit(unsignedintport);
```

参数说明如下。

(1) port:PWM 设备 id。

(2) 返回值:如果成功,则返回 TOY_SUCCESS;如果出错,则返回错误码。

PWM 设备启动接口,代码如下:

```
Unsigned int PwmStart(unsignedintport,unsignedintduty,unsignedintcycle);
```

参数说明如下。

(1) port:PWM 设备 id。

(2) idduty:脉宽时间/高电平时间(ns)。

(3) cycle:总周期时长(ns)。

(4) 返回值:如果成功,则返回 TOY_SUCCESS;如果出错,则返回错误码。

PWM 设备停止接口,代码如下:

```
Unsigned int PwmStop(unsignedintport);
```

参数说明如下。

(1) port:PWM 设备 id。

(2) 返回值:如果成功,则返回 TOY_SUCCESS;如果出错,则返回错误码。

5.4.4 使用实例

```
//第5章/pwmsample.c
/*
 * Copyright (c) 2022 FuZhou HMCHIP. All rights reserved.
 */
#include <stdint.h>
#include "hdf_device_desc.h"
#include "hdf_log.h"
#include "device_resource_if.h"
#include "osal.h"
#include "pwm_core.h"
#include "pwm_if.h"
#include "hmchip_hardware.h"
#define HDF_LOG_TAG pwm_driver_rk2206          //设置 HDF 提示标签
typedef enumenum_pwm_port_id {
    PWM_PORT_ID_0 = 0,
    PWM_PORT_ID_1 = 1,
    PWM_PORT_ID_7 = 7,
    PWM_PORT_ID_MAX
}PWM_PORT_ID_E;                                 //枚举型 PWM 端口标号
typedef struct tagHcsInfo {
    uint32_t num;
    uint32_t portId;
    uint32_t gpio;
    uint32_t duty;
    uint32_t cycle;
} hcs_info_s;                                   //设置 hcs 层信息
typedef struct tagPwmInfo {
    struct PwmDev dev;
hcs_info_shcs_info;
    bool supportPolarity;
}pwm_info_s;                                    //自定义 PWM 设备信息结构体
static int32_t HdfPwmDriverSetConfig(struct PwmDev * pwm, struct PwmConfig * config)
                                                //定义 PWM 驱动配置信息
{
pwm_info_s * ppwm_info = NULL;
hcs_info_s * phcs_info = NULL;
    if (pwm == NULL)
    {
        HDF_LOGE("%s, %d: pwm is null", __func__, __LINE__);
        return HDF_ERR_INVALID_PARAM;
    }
    if (config == NULL)
```

```
    {
        HDF_LOGE("%s, %d: config is null", __func__, __LINE__);
        return HDF_ERR_INVALID_PARAM;
    }
    ppwm_info = (pwm_info_s *)PwmGetPriv(pwm); //获取 PWM 设置的符号
    if (ppwm_info == NULL)
    {
        HDF_LOGE("%s, %d: ppwm_info is null", __func__, __LINE__);
        return HDF_ERR_INVALID_PARAM;
    }
    phcs_info = (hcs_info_s *)&ppwm_info->hcs_info;
    if ((pwm->cfg.polarity != config->polarity) && !(ppwm_info->supportPolarity))
    {
        HDF_LOGE("%s, %d: not support set pwmpolarity", __func__, __LINE__);
        return HDF_ERR_NOT_SUPPORT;
    }
    if (config->status == PWM_DISABLE_STATUS)
    {
    hmPwmStop(phcs_info->num); //停止 PWM 设备
        return HDF_SUCCESS; //返回相应代码
    }
    if ((config->polarity != PWM_NORMAL_POLARITY) && (config->polarity != PWM_INVERTED_
POLARITY))
    {
        HDF_LOGE("%s, %d: polarity %u is invalid", __func__, __LINE__, config->polarity);
        return HDF_ERR_INVALID_PARAM;
    }
    if ((config->duty < 1) || (config->duty > config->period))
    {
        HDF_LOGE("%s, %d: duty %u is not support, min dutyCycle 1 max dutyCycle", __func__, __
LINE__, config->duty);
        return HDF_ERR_INVALID_PARAM;
    }
    hmPwmStop(phcs_info->num);
    if ((pwm->cfg.polarity != config->polarity) && (ppwm_info->supportPolarity))
    {
        /* no thing to do */
    }
    phcs_info->duty = pwm->cfg.duty;
    phcs_info->cycle = pwm->cfg.period;
    hmPwmStart(phcs_info->portId, phcs_info->duty, phcs_info->cycle);
    //开启 PWM 设备
    return HDF_SUCCESS;
}
static int32_t HdfPwmDriverOpen(struct PwmDev *pwm)
{
    pwm_info_s *ppwm_info = NULL;
    if (pwm == NULL)
    {
        HDF_LOGE("%s, %d: pwm is null", __func__, __LINE__);
        return HDF_ERR_INVALID_PARAM;
    }
    ppwm_info = (pwm_info_s *)PwmGetPriv(pwm);
```

```
    if (ppwm_info == NULL)
    {
        HDF_LOGE("%s, %d: ppwm_info is null", __func__, __LINE__);
        return HDF_ERR_INVALID_PARAM;
    }
    switch (ppwm_info->hcs_info.portId)
    {
        case PWM_PORT_ID_0:
            {
PwmBusIopwm_bus = {
.pwm = {
.gpio = ppwm_info->hcs_info.gpio,
.func = MUX_FUNC1,
.type = PULL_DOWN,
                    .drv = DRIVE_KEEP,
.dir = HMGPIO_DIR_KEEP,
.val = HMGPIO_LEVEL_KEEP
                },
                .id = FUNC_ID_PWM0,
.mode = FUNC_MODE_NONE,
            };

PwmIoInit(pwm_bus);                          //初始化 PWM 总线
hmPwmInit(ppwm_info->hcs_info.portId);       //注册 PWM 硬件信息
            }
        break;
        case PWM_PORT_ID_1:
            {
PwmBusIopwm_bus = {
.pwm = {
.gpio = ppwm_info->hcs_info.gpio,
.func = MUX_FUNC1,
.type = PULL_DOWN,
                    .drv = DRIVE_KEEP,
.dir = HMGPIO_DIR_KEEP,
.val = HMGPIO_LEVEL_KEEP
                },
                .id = FUNC_ID_PWM1,
.mode = FUNC_MODE_NONE,
            };
PwmIoInit(pwm_bus);
hmPwmInit(ppwm_info->hcs_info.portId);
            }
        break;
        case PWM_PORT_ID_7:
            {
PwmBusIopwm_bus = {
.pwm = {
.gpio = ppwm_info->hcs_info.gpio,
.func = MUX_FUNC1,
.type = PULL_DOWN,
                    .drv = DRIVE_KEEP,
.dir = HMGPIO_DIR_KEEP,
```

```
                    .val = HMGPIO_LEVEL_KEEP
                        },
                    .id = FUNC_ID_PWM7,
        .mode = FUNC_MODE_NONE,
                };
    PwmIoInit(pwm_bus);
    hmPwmInit(ppwm_info -> hcs_info.portId);
            }
            break;
        default:
            HDF_LOGE("%s, %d: pwmportId %u is error", __func__, __LINE__, ppwm_info -> hcs_
    info.portId);
            return HDF_ERR_INVALID_PARAM;
    }
    return HDF_SUCCESS;
}
static int32_t HdfPwmDriverClose(struct PwmDev * pwm)        //定义 PWM 设备关闭操作
{
    pwm_info_s * ppwm_info = NULL;
    if (pwm == NULL)
    {
        HDF_LOGE("%s, %d: pwm is null", __func__, __LINE__);
        return HDF_ERR_INVALID_PARAM;
    }
    ppwm_info = (pwm_info_s *)PwmGetPriv(pwm);
    if (ppwm_info == NULL)
    {
        HDF_LOGE("%s, %d: ppwm_info is null", __func__, __LINE__);
        return HDF_ERR_INVALID_PARAM;
    }
    switch (ppwm_info -> hcs_info.portId)
    {
        case PWM_PORT_ID_0:
        case PWM_PORT_ID_1:
        case PWM_PORT_ID_7:
    hmPwmDeinit(ppwm_info -> hcs_info.portId);                //卸载 PWM 设备
            break;
        default:
            HDF_LOGE("%s, %d: pwmportId %u is error", __func__, __LINE__, ppwm_info -> hcs_
    info.portId);
            return HDF_ERR_INVALID_PARAM;
    }
    return HDF_SUCCESS;
}
struct PwmMethodg_pwmMethod = {                              //定义 PWM 接口
    .setConfig = HdfPwmDriverSetConfig,
    .open = HdfPwmDriverOpen,
    .close = HdfPwmDriverClose,
};
static void HdfPwmDriverRemove(pwm_info_s * ppwm_info)       //定义 PWM 驱动移除函数
{
    OsalMemFree(ppwm_info);
}
```

```c
static int32_t HdfPwmDriverProbe(pwm_info_s * ppwm_info, struct HdfDeviceObject * device)
                                                                    //定义 PWM 驱动插入
{
    uint32_t tmp;
    struct DeviceResourceIface * iface = NULL;
hcs_info_s * phcs_info = (hcs_info_s * )&ppwm_info->hcs_info;
iface = DeviceResourceGetIfaceInstance(HDF_CONFIG_SOURCE);
    if ((iface == NULL) || (iface->GetUint32 == NULL))
    {
        HDF_LOGE("%s: face is invalid", __func__);
        return HDF_FAILURE;
    }
    if (iface->GetUint32(device->property, "num", &phcs_info->num, 0) != HDF_SUCCESS)
    {
        HDF_LOGE("%s, %d: hcs read num failed!", __func__, __LINE__);
        return HDF_FAILURE;
    }
ppwm_info->dev.num = phcs_info->num;
    if (iface->GetUint32(device->property, "portId", &phcs_info->portId, 0) != HDF_SUCCESS)
    {
        HDF_LOGE("%s, %d: hcs read portId failed!", __func__, __LINE__);
        return HDF_FAILURE;
    }
    if (iface->GetUint32(device->property, "gpio", &phcs_info->gpio, 0) != HDF_SUCCESS)
    {
        HDF_LOGE("%s, %d: hcsgpioportId failed!", __func__, __LINE__);
        return HDF_FAILURE;
    }
    if (iface->GetUint32(device->property, "duty", &phcs_info->duty, 0) != HDF_SUCCESS)
    {
        HDF_LOGE("%s, %d: hcs duty portId failed!", __func__, __LINE__);
        return HDF_FAILURE;
    }

    if (iface->GetUint32(device->property, "cycle", &phcs_info->cycle, 0) != HDF_SUCCESS)
    {
        HDF_LOGE("%s, %d: hcs cycle portId failed!", __func__, __LINE__);
        return HDF_FAILURE;
    }
ppwm_info->supportPolarity = false;
ppwm_info->dev.method = &g_pwmMethod;
ppwm_info->dev.cfg.duty = phcs_info->duty;
ppwm_info->dev.cfg.period = phcs_info->cycle;
ppwm_info->dev.cfg.polarity = PWM_NORMAL_POLARITY;
ppwm_info->dev.cfg.status = PWM_DISABLE_STATUS;
ppwm_info->dev.cfg.number = phcs_info->num;
ppwm_info->dev.busy = false;
PwmSetPriv(&ppwm_info->dev, ppwm_info);
    if (PwmDeviceAdd(device, &ppwm_info->dev) != HDF_SUCCESS)          //加入 PWM 设备
    {
        HDF_LOGE("%s, %d: PwmDeviceAdd failed!", __func__, __LINE__);
        return HDF_FAILURE;
    }
```

```
    return HDF_SUCCESS;
}
static int32_t HdfPwmDriverBind(struct HdfDeviceObject * device)          //定义 PWM 驱动绑定
{
    (void)device;
    return HDF_SUCCESS;
}
static int32_t HdfPwmDriverInit(struct HdfDeviceObject * device)          //PWM 驱动初始化函数
{
    int32_t ret;
pwm_info_s * ppwm_info = NULL;
printf(" % s, % d: HdfPwm Driver Entry\n", __FILE__, __LINE__);
    HDF_LOGI(" % s: entry", __func__);
    if (device == NULL)
    {
        HDF_LOGE(" % s: device is null", __func__);
        return HDF_ERR_INVALID_OBJECT;
    }
ppwm_info = (pwm_info_s * )OsalMemCalloc(sizeof(pwm_info_s));
    if (ppwm_info == NULL)
    {
        HDF_LOGE(" % s: ppwm_infoOsalMemCalloc error", __func__);
        return HDF_ERR_MALLOC_FAIL;
    }
    ret = HdfPwmDriverProbe(ppwm_info, device);              //插入 PWM 驱动
    if (ret!= HDF_SUCCESS)
    {
        HDF_LOGE(" % s: HdfPWmDriverProbe error, ret is % d", __func__, ret);
        return ret;
    }
    return HDF_SUCCESS;
}
static void HdfPwmDriverRelease(struct HdfDeviceObject * device)
        //定义 PWM 驱动关闭函数
{
pwm_info_s * ppwm_info = NULL;

    HDF_LOGI(" % s: entry", __func__);
    if (device == NULL)
    {
        HDF_LOGE(" % s, % d: device is null", __func__, __LINE__);
        return;
    }
ppwm_info = (pwm_info_s * )device -> service;
    if (ppwm_info == NULL)
    {
        HDF_LOGE(" % s, % d: ppwm_info is null", __func__, __LINE__);
        return;
    }
PwmDeviceRemove(device, &ppwm_info -> dev);              //移除 PWM 设备
HdfPwmDriverRemove(ppwm_info);                           //移除 PWM 驱动
}
struct HdfDriverEntryg_pwmDriverEntry = {                //定义 PWM 驱动入口结构体
```

```
.moduleVersion = 1,
.moduleName = "pwm_driver_rk2206",
.Bind = HdfPwmDriverBind,
.Init = HdfPwmDriverInit,
.Release = HdfPwmDriverRelease,
};
HDF_INIT(g_pwmDriverEntry);
```

5.5　UART

通用异步收发传输器(Universal Asynchronous Receiver Transmitter,UART)是一种串行异步收发协议,应用十分广泛。串口作为 MCU 的重要外部接口,同时也是软件开发重要的调试手段,其重要性不言而喻。UART 的工作原理是将数据的二进制位一位一位地进行传输。在 UART 通信协议中信号线上的状态位,高电平代表"1"低电平代表"0"。当两个设备使用 UART 串口通信时,必须先约定好传输速率和一些数据位。现在绝大部分 MCU 带有串口。

5.5.1　UART 通信协议

UART 作为异步串口通信协议的一种,工作原理是将数据的字节一位接一位地传输。协议如图 5-18 所示。

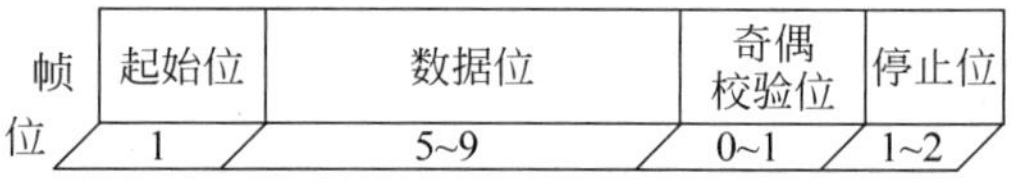

图 5-18　UART 通信协议

空闲位:UART 协议规定,当总线处于空闲状态时信号线的状态为"1",即高电平。

起始位:UART 数据传输线通常在不传输数据时保持在高电平。为了开始数据传输,发送 UART 在一个时钟周期内将传输线从高电平拉低到低电平。当接收 UART 检测到高电平到低电平转换时,开始以波特率的频率读取数据帧中的位。

数据位:起始位后就是要传输的数据,如果使用奇偶校验位,则可以是 5 位,最多是 8 位。如果不使用奇偶校验位,则数据帧的长度可以为 9 位。先发送最低位,最后发送最高位。

奇偶校验位:数据位传送完成后,要进行奇偶校验,校验位其实是调整个数,串口校验分以下几种方式:

(1) 无校验(Noparity)。

(2) 奇校验(Oddparity):如果数据位中"1"的数目是偶数,则校验位为"1";如果"1"的数目是奇数,则校验位为"0"。

(3) 偶校验(Evenparity):如果数据位中"1"的数目是偶数,则校验位为"0";如果为奇数,则校验位为"1"。

(4) 标记校验(Markparity):校验位始终为 1。

(5) 空位校验(Spaceparity):校验位始终为 0。

停止位:为了向数据包的结尾发出信号,发送 UART 在至少两个位持续时间内将数据传输线从低电平驱动到高电平。

波特率:数据传输速率使用波特率表示,单位为 b/s,常见的波特率有 9600b/s、115 200b/s 等,如图 5-19 所示。

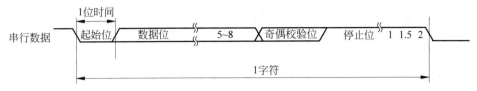

图 5-19　UART 串口协议

5.5.2　UART 功能描述

红外数据关联(IrDA)1.0 串行红外(SIR)模式支持双向使用红外辐射作为传输方式与远程设备进行数据通信,IrDA1.0SIR 模式将最大波特率指定为 115.2Kbaud。发射单个红外脉冲表示逻辑 0,而逻辑 0 表示为不发送脉冲。每个脉冲的宽度是正常串行位时间的 3/16。数据只有启用 IrDASIR 模式时,才能以半双工方式进行传输,如图 5-20 所示。

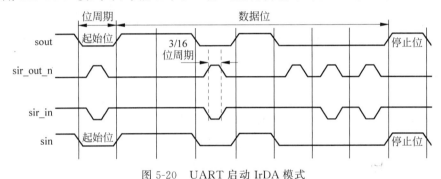

图 5-20　UART 启动 IrDA 模式

波特率由串行时钟控制(单时钟实现中的 sclk 或 pclk)。除数锁存寄存器(DLH 和 DLL)作为每个已知传输的位,在起始位的中点采样之后,每 16 波特时钟计算一次采样中点。

FIFO 支持:无 FIFO 模式和 FIFO 模式。无 FIFO 模式不实施 FIFO,仅执行一次接收,数据字节和传输数据字节可一次存储在 RBR 和 THR 中。FIFO 模式,UART0、UART1、UART2 的 FIFO 深度为 64 字节。所有 UART 的 FIFO 模式由寄存器 FCR[0]启用。中断可以使用 IER 寄存器启用以下中断类型。接收器错误接收数据时可用字符超时(仅在 FIFO 模式下)变送器保持寄存器在低于阈值时为空(在可编程 THRE 中的中断模式)调制解调器状态。

UART 支持使用两个输出信号(dma_tx_req_n 和 dma_rx_req_n)的 DMA 信号指示何时准备好读取数据或何时传输 FIFO。

自动流控制功能 UART 可配置为具有 16750 兼容的自动 RTS 和自动 CTS 串行数据流控制模式可用。如果未实现 FIFO,则无法使用此模式已选定。选择自动流量控制模式后,可以使用调制解调器控制寄存器(MCR[5])。

5.5.3　UART 控制器

UART 用于串行通信外围设备、调制解调器(Data Carrier Equipment,DCE)或数据集。数据是从一个写入主设备(CPU)通过 APB 总线到 UART,它被转换为串行形式并被传送到目标设备。串行数据也由 UART 接收并存储供主设备回读,如图 5-21 所示。

UART 控制器支持以下功能。

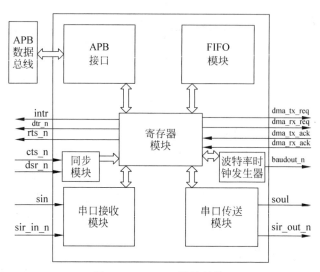

图 5-21　UART 模块结构

（1）支持 3 个独立的 UART 控制器：UART0、UART1、UART2。

（2）UART0、UART1、UART2 均包含两个 64 字节 FIFO 用于数据接收和发送。

（3）UART0、UART2 支持自动流控。

（4）支持码率 115.2kb/s、460.8kb/s、921.6kb/s、1.5Mb/s、3Mb/s、4Mb/s。

（5）支持可编程波特率，即使用非整数时钟分频器。

（6）标准异步通信位（开始、停止和奇偶校验）。

（7）支持基于中断或基于 DMA 的模式。

（8）支持 5～8 位宽传输。

APB 接口：主设备处理器通过 APB 接口访问 UART 上的数据、控制和状态信息。UART 支持的 APB 数据总线的宽度为 8、16 和 32 位。

寄存器模块：负责 UART 的主要功能，包括控制、状态和中断一代调制解调器。

同步模块：同步调制解调器输入信号。

FIFO 模块：负责 FIFO 控制和存储（使用内部 RAM 时）或将信号发送至控制外部 RAM（使用时）。

波特率时钟发生器：生成发射器和接收器波特率时钟及输出参考时钟信号（baudout）。

串口传送模块：将写入 UART 的并行数据转换为串行形式，并添加所有附加位，按照控制寄存器的规定，用于传输。此串行数据的组成，参考字符可以两种形式退出块：串行 UART 格式或 IrDA1.0SIR。

串口接收模块：转换接收的串行数据字符（由控制寄存器指定）UART 或 IrDA1.0SIR，将格式转换为并行格式，同时在该模块中执行奇偶校验错误检测、帧错误检测和断线检测。

I^2C 模块结构如图 5-22 所示。

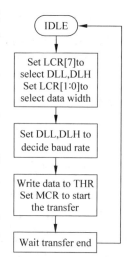

图 5-22　I^2C 模块结构

5.5.4 接口说明

包含头文件,代码如下:

```
include "toybrick.h"
```

UART 初始化接口,代码如下:

```
Unsigned int UartInit(unsigned int id,const UartAttribute * param);
```

参数说明如下。

(1) id:UART 设备的端口号。

(2) param:UART 属性指针。

(3) 返回值:如果成功,则返回 TOY_SUCCESS;如果出错,则返回 TOY_FAILURE。

UART 读接口,代码如下:

```
Unsigned int UartRead(unsigned int id, unsigned char * data, unsigned int dataLen);
```

参数说明如下。

(1) id:UART 设备的端口号。

(2) data:指向要读取数据的起始地址的指针。

(3) dataLen:读取字节数。

(4) 返回值:如果成功,则返回读取的字节数;如果出错,则返回—1。

UART 写接口,代码如下:

```
Unsigned int UartWrite (unsigned int id, const unsigned char * data, unsigned int dataLen);
```

参数说明如下。

(1) id:UART 设备的端口号。

(2) data:指向要写入数据的起始地址的指针。

(3) dataLen:要写入的字节数。

(4) 返回值:如果成功,则返回写入的字节数;如果出错,则返回—1。

取消 UART 设备初始化,代码如下:

```
Unsigned int UartDeinit(unsigned int id);
```

参数说明如下。

(1) id:UART 设备的端口号。

(2) 返回值:如果 UART 设备被去初始化,则返回 TOY_SUCCESS,否则返回 TOY_FAILURE。

设置 UART 设备流控制,代码如下:

```
Unsigned int UartSetFlowCtrl(unsigned int id, FlowCtrl flowCtrl);
```

参数说明如下。

(1) id:UART 设备的端口号。

（2）flowCtrl：表示流控参数，在 FlowCtrl 中列举。

（3）返回值：如果 UART 设备被去初始化，则返回 TOY_SUCCESS，否则返回 TOY_FAILURE。

5.6 WATCHDOG

5.6.1 简介

看门狗定时器（WDT）是一种 APB 从外围设备，用于防止 SoC 中由于部件或程序冲突而导致的系统锁定。当 WDT 的计数器为 0 时，WDT 产生中断或复位信号，然后由复位控制器复位系统。

WDT 支持以下特性。

（1）32 位 APB 总线宽度，WDT 计数器的时钟是 pclk，32 位。

（2）WDT 计数器的时钟宽度计数器从预设值计数到 0，表示超时发生时 WDT 可以执行两种操作。

（3）系统重置。首先产生一个中断，如果不是通过服务程序的第 2 个超时时间，然后生成一个系统复位可编程序复位脉冲长度，则可以驱动 CRU 产生全局软件复位。

图 5-23　WDT 结构

WDT 结构如图 5-23 所示。

（4）WDT 从预设（超时）值按降序计数到 0。当计数器达到 0 时，取决于所选的输出响应模式，系统重置或发生中断。用户可以将计数器重新启动到其初始值，数值可通过随时写入重启寄存器对其进行编程。重新启动 WDT 有时被称为踢狗。为了安全应防止意外重启，必须将值 0x76 写入当前计数器值寄存器（WDT_CRR）。

（5）当时钟溢出时，WDT 可编程来产生一个中断。将 1 写入 WDT 控制寄存器（WDT_CR），WDT 生成中断。如果不是在第 2 次超时发生时清除，则生成系统重置。如果重新启动，在 WDT 达到 0 的同时发生，则不会生成中断。

（6）系统重置：当 0 写入 WDT 的输出响应模式字段（RMOD，位 1）时，WDT 在发生超时时生成系统重置。

（7）重置占空比：复位脉冲长度是系统复位的 pclk 周期数。当生成系统重置时，它将在指定的周期数内保持断言状态（通过重置脉冲长度或直到重置系统）。计数器重新启动，系统在断言后重置。

5.6.2 WDT 寄存器描述

WDT 的相关寄存器描述如表 5-9 所示。

表 5-9　WDT 的相关寄存器描述

名　字	偏移地址	重　置	描　述
WDTCR	0x0000	0x0000000a	控制寄存器
WDTTORR	0x0004	0x00000000	超时寄存器
WDTCCVR	0x0008	0x0000ffff	当前计数值寄存器

续表

名　字	偏 移 地 址	重　置	描　述
WDTCRR	0x000c	0x00000000	计数重置寄存器
WDTSTAT	0x0010	0x00000000	中断状态寄存器
WDTEOI	0x0014	0x00000000	中断清除寄存器

WDT 操作流程如图 5-24 所示。

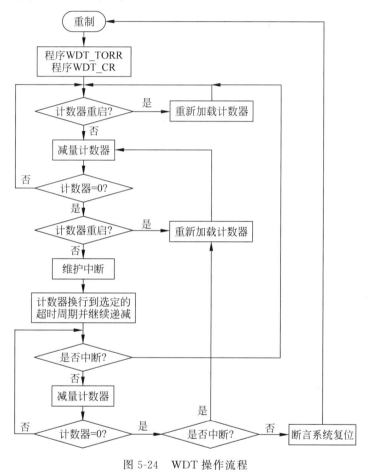

图 5-24　WDT 操作流程

5.7　本章小结

本章主要对 IoT 组件开发的内容进行了介绍,分别介绍了 GPIO、I^2C、SPI 等外围设备的原理及实现方法。

5.8　课后习题

(1) 请简述 RK2206 的 GPIO 接口相关寄存器。

(2) 请简述 RK2206 的 I^2C 的时序逻辑。

（3）请简述 RK2206 的 SPI 传输特性。

（4）请简述 RK2206 的 SPI 传输时序。

（5）请简述 RK2206 的 SPI 相关数据结构体。

（6）请简述 PWM 的硬件寄存器。

（7）请简述 UART 的传输流程及接口。

（8）请简述看门狗电路的硬件寄存器种类。

第6章

SimpleGUI 显示

    SimpleGUI 是一个针对单色显示屏设计和开发的 GUI 接口,提供了点、线、矩形、圆等基本图形的绘制功能,文字和位图的绘制及列表、滚动条、进度条等常用组件的绘制与控制功能。

    SimpleGUI 的出发点是在一个单色显示器上,以尽可能少的消耗、尽可能多且直观地表达需要的内容。为此,SimpleGUI 抛弃了诸如图层、遮罩、阴影、非等宽字体等高级的、复杂的操作,力求以简单快捷、易于操作的方式,使开发者尽快实现自己需要的功能。同时在满足基本绘图需求的前提下,SimpleGUI 还提供了一套被称为 HMI 的交互引擎,用于统合用户交互、数据处理和屏幕内容绘制与更新,提供了一种简明、易组织、易拓展、低消耗的交互系统。其设计目标是在尽可能减小资源消耗的前提下,提供以下功能:

    (1) 点、线、基本几何图形、单色位图、文字等的绘制功能。

    (2) 列表、进度条、滚动条、提示框、曲线图等组件的设置元显示功能。

    (3) 单色显示屏模拟环境,方便脱离硬件平台进行部分 GUI 开发。

6.1　获取 SimpleGUI

    SimpleGUI 目前托管在码云(Gitee)开源平台上,开发者可以通过 Git 工具从码云上将 SimpleGUI 的全部代码和资料同步到本地。如果不想使用 Git 工具,则可以在 SimpleGUI 工程页面中单击"克隆/下载"按钮,在弹出的窗口中单击"下载 ZIP"按钮下载整个工程的压缩包文件。

    同步或下载解压 SimpleGUI 后,就可以使用 SimpleGUI 的 VirtualSDK 了,SimpleGUI 的主目录结构和说明如表 6-1 所示。

表 6-1　SimpleGUI 的主目录结构和说明

目　录　名	功　　能
DemoProc	SimpleGUI 的演示代码
DemoProject	SimpleGUI 的演示工程
Documents	关于 SimpleGUI 的一些简要说明文档
GUI	SimpleGUI 的代码实现部分
HMI	SimpleGUI 的 HMI 模型实现部分
VirtualSDK	VirtualSDK 的工程及源码

6.2　GUI 与 HMI

SimpleGUI 主要由 GUI 和 HMI 两部分组成,GUI 部分的主要功能为屏幕显示的控制,例如基础几何图形的绘制、文字的绘制及基于基础几何图形和文字的各种组件的绘制,而 HMI 部分则负责屏幕画面的组织与用户交互的处理,主要目的是将画面显示与业务/功能处理分隔开以方便项目的维护。

在开始下面的内容之前,需要明确以下两个概念,以避免因概念上的冲突而导致混淆。

1. 屏幕

屏幕指显示用的物理设备,即通常说的 LCD 或 OLED。虽然可能不太常用,但是 SimpleGUI 在设计上是可以同时管理和使用多个屏幕的。

2. 画面

画面指在业务逻辑中的一个界面,例如设备开机显示 Logo 和欢迎信息的启动画面、显示选项的列表画面等。通常情况下,在 SimpleGUI 中,只要显示的内容和布局发生了变化,就可以称为更新了一个画面。

屏幕(Screen)和画面(Picture)的定义贯穿 SimpleGUI 的 GUI 和 HMI 设计,请务必牢记和明确。此外,本开发板目前只移植了 GUI 功能。

6.3　坐标系定义

在 SimpleGUI 的绘图操作中,以屏幕有效显示区域的左上角为坐标原点,以 x 轴向右为正方向,以 y 轴向下为正方向,起始坐标为$(0,0)$,以屏幕像素为单位向正方向增长。

6.4　设备对象

为了方便移植、使用与管理,SimpleGUI 使用了一种被称为设备对象的数据结构来保存屏幕设备信息和驱动程序。

设备对象的本质是一个保存了屏幕设备驱动接口函数指针与屏幕设备信息的结构体,定义如下:

```
typedef struct
{
    //屏幕的分辨率信息
    SGUI_AREA_SIZE                  stSize;
    //设备的初始化接口函数
    SGUI_FN_IF_INITIALIZE           fnInitialize;
    //清空显示接口函数
    SGUI_FN_IF_CLEAR                fnClear;
    //写像素接口函数
    SGUI_FN_IF_SET_POINT            fnSetPixel;
    //读像素接口函数
    SGUI_FN_IF_GET_POINT            fnGetPixel;
    //缓存与屏幕同步的接口函数
    SGUI_FN_IF_REFRESH              fnSyncBuffer;
```

```
        //位图或字模数据
    SGUI_BYTE          arrBmpDataBuffer[SGUI_BMP_DATA_BUFFER_SIZE];
}SGUI_SCR_DEV;
```

（1）stSize：结构体类型，用于保存屏幕的分辨率信息。

（2）fnInitialize：函数指针，定义类型为 void(* SGUI_FN_IF_INITIALIZE)(void)，用于保存屏幕设备的初始化接口函数，通常在 HMI 模型初始化时调用。

（3）fnClear：函数指针，定义类型为 void(* SGUI_FN_IF_CLEAR)(void)，用于保存屏幕设备的清空显示接口函数。

（4）fnSetPixel：函数指针，定义类型为 void(* SGUI_FN_IF_SET_POINT)(int，int，int)，用于保存屏幕设备的写像素接口函数。

（5）fnGetPixel：函数指针，定义类型为 int(* SGUI_FN_IF_GET_POINT)(int，int)，用于保存屏幕设备的读像素接口函数。

（6）fnSyncBuffer：函数指针，定义类型为 void(* SGUI_FN_IF_CLEAR)(void)，用于保存缓存与屏幕同步的接口函数。

（7）arrBmpDataBuffer：字节数组，用于缓存绘制文字或位图时读取的位图或字模数据。

SimpleGUI 对所屏幕设备的操作均依赖设备对象模型，所以在使用 SimpleGUI 前，应先声明并初始化设备对象模型，即声明一个全局可访问的设备对象结构体，并对其记录的屏幕尺寸信息及驱动程序函数指针进行赋值。

例如，如果使用一个 OLED12864 的屏幕，在实现了屏幕对应的驱动程序后，则可以通过以下代码声明或初始化一个设备对象模型：

```
//第 6 章/OLED12864.h
/* 头文件(.h)声明 */
extern HMI_ENGINE_OBJECT          g_stDeviceInterface;

/* 源文件(.c)处理 */
HMI_ENGINE_OBJECT                 g_stDeviceInterface;

/* 初始化结构体 */
SGUI_SystemIF_MemorySet(&g_stDeviceInterface, 0x00, sizeof(SGUI_SCR_DEV));
/* 屏幕尺寸信息为 128 × 64 */
g_stDeviceInterface.stSize.iWidth = 128;
g_stDeviceInterface.stSize.iHeight = 64;
/* 初始化函数指针 */
g_stDeviceInterface.fnSetPixel = SCREEN_SetPixel;           /* 写像素 */
g_stDeviceInterface.fnGetPixel = SCREEN_GetPixel;           /* 读像素 */
g_stDeviceInterface.fnClear = SCREEN_ClearDisplay;          /* 清空屏幕显示 */
g_stDeviceInterface.fnSyncBuffer = SCREEN_RefreshScreen;    /* 同步显示缓存 */
```

完成上述设备对象的声明、定义和初始化后，就可以使用这个对象进行绘图操作了。

6.5　基础绘图

基础绘图包含了绘制图形的一些基本操作。

6.5.1 数据类型定义

为了方便基础绘图 API 的实现与使用,SimpleGUI 在此部分定义了两种数据类型,分别用于像素颜色的说明和绘图方式的说明。

像素颜色类型为 SGUI_COLOR,其原型定义如下:

(1) SGUI_COLOR_BKGCLR 为背景色,通常指显示屏幕上未被点亮(或未被有效化)的点的颜色。

(2) SGUI_COLOR_FRGCLR 为前景色,通常指显示屏幕上被点亮(或被有效化)的点的颜色。

(3) SGUI_COLOR_TRANS 为透明,指忽略当前点的绘制,保持当前点(或区域)的显示状态不变。

(4) 绘图模型为 SGUI_DRAW_MODE,其原型定义如下:

```
typedef enum
{
    SGUI_COLOR_BKGCLR = 0,
    SGUI_COLOR_FRGCLR = 1,
    SGUI_COLOR_TRANS = 2,
}SGUI_COLOR;
```

(5) SGUI_DRAW_NORMAL 为正常绘制,指根据上述 SGUI_COLOR 类型中对点颜色的定义进行绘制。

(6) SGUI_DRAW_REVERSE 为反色绘制,指在绘制时将上述 SGUI_COLOR 类型中的 SGUI_COLOR_BKGCLR 与 SGUI_COLOR_FRGCLR 两种定义互换,绘制反色图形,此定义通常用于绘制反色位图。

6.5.2 环境参数设置

为了方便用户配置和移植,SimpleGUI 在 SGUI_Config.h 文件中定义了一些列的控制和开关宏,用户可以通过打开、关闭及修改宏定义的值来对 SimpleGUI 的一些全局属性进行修改。

1. _SIMPLE_GUI_ENABLE_ICONV_GB2312_

此宏用于关联文字显示 API 对非 ASCII 文字的解码方式。当设置值大于 0 时有效,文字相关的 API 会将输入的文字视为 UTF-8 格式并转换成 GB2312 格式进行解析,若此值为 0,则视输入文字为 GB2312 格式进行解析。

2. _SIMPLE_GUI_VIRTUAL_ENVIRONMENT_SIMULATOR_

此宏用于关联 SimpleGUI 的运行环境,当设置值大于 0 时有效。当此宏被设置为有效时,意味着 SimpleGUI 正运行于模拟环境中,用户在移植到目标平台后,应将此宏定义的值修改为 0。

3. _SIMPLE_GUI_ENABLE_DYNAMIC_MEMORY_

此宏用于关联 SimpleGUI 移植目标平台的动态内存操作,当设置值大于 0 时有效。当此宏被设置为有效时,意味着目标平台已实现了动态内存管理或支持动态内存管理,并且用户已经做好相应的实现或移植,此时 SimpleGUI 的相关依赖内容也会被使能,如列表项目的动态增减。

4. _SIMPLE_GUI_ENABLE_BASIC_FONT_

此宏用于关联 SimpleGUI 的内置基础字体,当设置值大于 0 时有效。SimpleGUI 内部存储了一组尺寸为 6×8 像素的可见 ASCII 字符集数据。当此宏被设置为有效时,此套字体数据将被支持,并且文字显示 API 可以使用此文字数据显示基本 ASCII 字符内容。此功能设计的目的为,如果用户使用外部字库且外部字库出现损坏或数据异常时,则可以使用此字库数据输出一些警告或调试信息。

6.5.3　基本数据类型定义

为了避免因平台和编译器的差异造成的对基本数据类型的定义不同,进而导致代码产生不可预知的错误,SimpleGUI 在 SGUI_Typedef.h 文件中重新定义了包括整数、字符、字符指针在内的一系列基本数据类型。在 SimpleGUI 内部的代码实现中将使用重新定义过的数据类型,用户需要在使用前明确所在平台的数据类型定义并做出相应修改,以避免因溢出或其他异常而导致出现错误。具体内容可参照 SGUI_Typedef.h 文件。

6.5.4　特殊数据类型定义

为了方便 API 的实现、表达与使用,SimpleGUI 在基本数据类型的基础上定义了一些特殊的数据结构——矩形区域。

此定义主要用于位图绘制时标示显示区域、实际位图数据与位图数据偏移,其原型定义如下:

(1) PosX 为矩形左上角的 x 坐标。

(2) PosY 为矩形左上角的 y 坐标。

(3) Width 为矩形的宽度。

(4) Height 为矩形的高度。

由于此数据结构为绘图设计,所以在实际使用中,除了以上 4 项参数外,可能还需要其他判断,为此,此数据类型还有相应的运算宏定义:

```
//第 6 章/draw.h
#RECTANGLE_X_START 为矩形左边界 x 轴坐标
    #RECTANGLE_X_END 为矩形右边界 x 坐标
    #RECTANGLE_Y_START 为矩形上边界 y 坐标
    #RECTANGLE_Y_END 为矩形下边界 y 坐标
    typedef struct _st_rectangle_
{
    SGUI_INT PosX;
    SGUI_INT PosY;
    SGUI_INT Width;
    SGUI_INT Height;
}SGUI_RECT_AREA;
#define RECTANGLE_X_START(ST) ((ST).PosX)
    #define RECTANGLE_X_END(ST) (((ST).PosX + (ST).Width - 1))
    #define RECTANGLE_Y_START(ST) ((ST).PosY)
```

```
#define RECTANGLE_Y_END(ST) (((ST).PosY + (ST).Height - 1))
#define RECTANGLE_WIDTH(ST) ((ST).Width)
#define RECTANGLE_HEIGHT(ST) ((ST).Height)
#define RECTANGLE_VALID_WIDTH(ST)
((RECTANGLE_X_START(ST)>0)?RECTANGLE_WIDTH(ST):(RECTANGLE_WIDTH(ST) + RECTANGLE_X_START
(ST))
)
#define RECTANGLE_VALID_HEIGHT(ST)
((RECTANGLE_Y_START(ST)>0)?RECTANGLE_HEIGHT(ST):(RECTANGLE_HEIGHT(ST) + RECTANGLE_Y_
START(ST)))
#RECTANGLE_WIDTH 为矩形的宽度
#RECTANGLE_HEIGHT 为矩形的高度
#RECTANGLE_VALID_WIDTH 为矩形的可见宽度
#RECTANGLE_VALID_HEIGHT 为矩形的可见高度
```

6.5.5 接口函数

1. SGUI_Basic_ClearScreen

功能描述:在屏幕上绘制点。

原型声明如下:

```
void SGUI_Basic_DrawPoint(SGUI_UINT uiPosX, SGUI_UINT uiPosY, SGUI_COLOR eColor)
```

参数说明如下。

(1) uiPosX:要绘制点的 x 坐标。

(2) uiPosY:要绘制点的 y 坐标。

(3) eColor:绘制点的颜色。

(4) 返回值:无。

🔆**注意**:SimpleGUI 只针对单色屏幕设计,绘制点的颜色只有"黑"和"白"两种,分别对应像素的设置状态和清空状态,详情可参考 SGUI_COLOR_BKGCLR 数据类型的定义。

---

2. SGUI_Basic_DrawLine

功能描述:在屏幕上绘制线段。

原型声明如下:

```
void SGUI_Basic_DrawLine (SGUI_INT uiStartX, SGUI_INT uiStartY, SGUI_INT uiEndX, SGUI_INT
uiEndY, SGUI_COLOR eColor)
```

参数说明如下。

(1) uiStartX:线段起点的 x 坐标。

(2) uiStartY:线段起点的 y 坐标。

(3) uiEndX:线段终点的 x 坐标。

(4) uiEndY:线段终点的 y 坐标。

(5) eColor:绘制线段的颜色。

(6) 返回值:无。

💡**注意**：线段起止点的坐标值可以为负值,当为负值时意为坐标位于屏幕显示区域上侧或左侧以外的区域。超出屏幕显示区域部分的线段将不会被绘制。

3. SGUI_Basic_DrawRectangle

功能描述:在屏幕上绘制封闭的矩形。

原型声明如下:

```
void SGUI_Basic_DrawRectangle (SGUI_UINT uiStartX, SGUI_UINT uiStartY, SGUI_UINT uiWidth, SGUI_
UINT uiHeight, SGUI_COLOR eEdgeColor, SGUI_COLOR eFillColor)
```

参数说明如下。

(1) uiStartX:矩形左上角点的 x 坐标。

(2) uiStartY:矩形左上角点的 y 坐标。

(3) uiWidth:矩形的宽度,以像素为单位。

(4) uiStartY:矩形的高度,以像素为单位。

(5) eEdgeColor:矩形边框的颜色。

(6) eFillColor:矩形内部的填充颜色。

(7) 返回值:无。

💡**注意**：如果只需绘制矩形边框,不希望矩形内部被填充,则可将 eFillColor 参数传入 SGUI_COLOR_TRANS。超出屏幕显示区域的部分将不会被绘制。

4. SGUI_Basic_DrawCircle

功能描述:在屏幕上绘制封闭圆形。

原型声明如下:

```
void SGUI_Basic_DrawCircle(SGUI_UINT uiCx, SGUI_UINT uiCy, SGUI_UINT uiRadius, SGUI_COLOR
eEdgeColor, SGUI_COLOR eFillColor)
```

参数说明如下。

(1) uiCx:圆形圆心的 x 坐标。

(2) uiCy:圆形圆心的 y 坐标。

(3) uiRadius:圆的半径,以像素为单位。

(4) eEdgeColor:圆的边框的颜色。

(5) eFillColor:圆的内部的填充颜色。

(6) 返回值:无。

💡**注意**：如果只需绘制圆形边框,不希望圆形内部被填充,则可将 eFillColor 参数传入 SGUI_COLOR_TRANS。

5. SGUI_Basic_ReverseBlockColor

功能描述:反色矩形区域。

原型声明如下:

```
void SGUI_Basic_ReverseBlockColor(SGUI_UINT uiStartX, SGUI_UINT uiStartY, SGUI_UINT uiWidth,
SGUI_UINT uiHeight)
```

参数说明如下。

(1) uiStartX:矩形左上角点的 x 坐标。

(2) uiStartY:矩形左上角点的 y 坐标。

(3) uiWidth:矩形的宽度,以像素为单位。

(4) uiHeight:矩形的高度,以像素为单位。

(5) 返回值:无。

6. SGUI_Basic_DrawBitMap

功能描述:绘制位图。

原型声明如下:

```
void SGUI_Basic_DrawBitMap(SGUI_RECT_AREA * pstDisplayArea, SGUI_RECT_AREA * pstDataArea, SGUI_
BYTE * pDataBuffer, SGUI_DRAW_MODE eDrawMode)
```

参数说明如下。

(1) pstDisplayArea:指定位图的显示区域。

(2) pstDataArea:位图大小及显示的偏移量,以像素为单位。

(3) pDataBuffer:位图数据。

(4) eDrawMode:绘制方式(正常或反色)。

(5) 返回值:无。

💡 **注意**:传入参数 pstDisplayArea 中指向的数据为显示位图的矩形区域,超出区域的部分不被显示。pstDataArea 指向的数据标明了位图的实际大小及在显示区域内的偏移量,具体逻辑关系如图 6-1 所示。

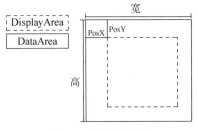

图 6-1　位图示意图

图中实线代表位图的实际尺寸,虚线代表指定的显示区域尺寸。实际显示时,只有虚线区域中的位图可被显示。

6.6　实时时钟

此定义主要用于在 HMI 引擎中调用和显示实时时钟,与共通函数中的 GetNowTime 函数搭配使用,原型定义如下:

```
typedef struct {
    SGUI_UINT16 Year;
    SGUI_UINT16 Month;
    SGUI_UINT16 Day;
    SGUI_UINT16 Hour;
    SGUI_UINT16 Minute;
    SGUI_UINT16 Second;
}SGUI_TIME;
```

其中,Year、Month、Day、Hour、Minute、Second 分别对应年、月、日、时、分、秒。

6.7　API

SimpleGUI 设计可直接调用的 API,用于简化图形的绘制过程,优化显示效果。

6.7.1　绘图 API

绘图 API 的实现文件位于 GUI 文件夹中,主要负责显示设备硬件的控制与屏幕绘图。

SimpleGUI 的绘图 API 名称全部遵从以下格式:

```
SGUI_分类_函数名(参数…)
```

所有绘图 API 均以 SGUI 开头,分类表示这个函数的用途类型,后面的函数名则用于标识函数的具体用途。

6.7.2　共通处理 API

共通处理函数在 SGUI_Common.c 文件中实现相关功能,主要负责 SimpleGUI 的全局共通处理和 SimpleGUI 与外部的数据交互,函数名全部以 SGUI_Common 开始。

1. SGUI_Common_IntegerToStringWithDecimalPoint

功能描述:将一个有符号整数转换为字符串并在指定位置插入小数点。

原型声明如下:

```
SGUI_SIZE SGUI_Common_IntegerToStringWithDecimalPoint ( SGUI_INT iInteger, SGUI_UINT
uiDecimalPlaces, SGUI_PSZSTR pszStringBuffer, SGUI_INT iAlignment, SGUI_CHAR cFillCharacter)
```

参数说明如下。

(1) iInteger:将要被转换的数字。

(2) uiDecimalPlaces:小数位数,如果为 0,则不插入小数点。

(3) pszStringBuffer:转换输出字符串的输出缓存。

(4) iAlignment:对齐方式与宽度,单位为半角字符宽度,如果大于 0,则右对齐;如果小于 0,则左对齐。如果转换完的宽度大于对齐宽度,则以转换完的实际宽度为准。

（5）cFillCharacter：若对齐后还有留白位置，则以此字符填充，通常使用空格。

（6）返回值：转换的字符串长度。

💡**注意**：需要注意转换输出缓冲区的长度，如果发生内存越界，则将产生不可预知的错误。

2. SGUI_Common_IntegerToString

功能描述：将一个有符号整数转换为字符串。

原型声明如下：

```
SGUI_SIZE SGUI_Common_IntegerToString (SGUI_INT iInteger, SGUI_PSZSTR pszStringBuffer, SGUI_
UINT uiBase, SGUI_INT iAlignment, SGUI_CHAR cFillCharacter)
```

参数说明如下。

（1）iInteger：将要被转换的数字。

（2）pszStringBuffer：转换输出字符串的输出缓存。

（3）uiBase：转换基数，只允许八进制、十进制和十六进制。

（4）iAlignment：对齐方式与宽度，单位为半角字符宽度，如果大于0，则右对齐；如果小于0，则左对齐。如果转换完的宽度大于对齐宽度，则以转换完的实际宽度为准。

（5）cFillCharacter：若对齐后还有留白位置，则以此字符填充，通常使用空格。

（6）返回值：转换的字符串长度。

💡**注意**：需要注意转换输出缓冲区的长度，如果发生内存越界，则将产生不可预知的错误。

3. SGUI_Common_ConvertStringToUnsignedInteger

功能描述：将一个字符串的有效部分转换为一个无符号整数。

原型声明如下：

```
SGUI_UINT SGUI_Common_ConvertStringToUnsignedInteger (SGUI_PSZSTR szString, SGUI_CHAR **
ppcEndPointer, SGUI_UINT uiBase)
```

参数说明如下。

（1）szString：将要被转换的字符串。

（2）ppcEndPointer：转换结束处的字符指针，如果字符串中出现了非数字字符，则会在该处终止，同时指针指向该处；如果转换至字符串尾，则指针指向字符串尾的NULL。

（3）uiBase：转换基数，只允许八进制、十进制和十六进制。

（4）返回值：转换的数字。

💡**注意**：若输入的字符串的第1个字符为非数字，则返回值为0。

4. SGUI_Common_ConvertStringToInteger

功能描述:将一个字符串的有效部分转换为一个有符号整数。

原型声明如下:

```
SGUI_INT SGUI_Common_ConvertStringToInteger (SGUI_PSZSTR szString, SGUI_CHAR ** ppcEndPointer,
SGUI_UINT uiBase)
```

参数说明如下。

(1) szString:将要被转换的字符串。

(2) ppcEndPointer:转换结束处的字符指针,如果字符串中出现了非数字字符,则会在该处终止,同时指针指向该处;如果转换至字符串尾,则指针指向字符串尾的 NULL。

(3) uiBase:转换基数,只允许八进制、十进制和十六进制。

(4) 返回值:转换的数字。

💡 **注意**:若输入的字符串的第 1 个字符为非数字,则返回值为 0。

---

5. SGUI_Common_EncodeConvert

功能描述:字符串编码转换。

原型声明如下:

```
SGUI _ PSZSTR SGUI _ Common _ EncodeConvert ( SGUI _ PCSZSTR szSourceEncode, SGUI _ PSZSTR
szDestinationEncode, SGUI_PSZSTR szSource)
```

参数说明如下。

(1) szSourceEncode:源字符串编码。

(2) szDestinationEncode:目标编码。

(3) szSource:要转换的字符串。

(4) 返回值:转换缓冲的指针。

💡 **注意**:此函数依赖 iconv 外部库,用于在模拟器环境中使用 UTF-8 编码格式的字符串,由于示例的字符解码使用 GB2312 格式,故需要转码。转码库体积庞大,所以通常情况下此函数不需要在目标单片机平台上实现,届时只需关闭_SIMPLE_GUI_ENABLE_ICONV_GB2312_宏定义。

---

6. SGUI_Common_Allocate

功能描述:申请堆内存空间。

原型声明如下:

```
SGUI_Common_Allocate(SGUI_SIZE uiSize)
```

参数说明如下。

(1) uiSize:要申请的字节数。

(2) 返回值:申请到的内存空间头指针。

💡**注意**：模拟环境中,此环境是对 C 标准函数 malloc 的重新封装,移植到目标平台后如果想使用此函数,则应在确认平台支持或用户已自行实现 MMU 后重写此函数,并将宏_SIMPLE_GUI_ENABLE_DYNAMIC_MEMORY_有效化。

7. SGUI_Common_Free

功能描述:释放堆内存空间。

原型声明如下:

```
SGUI_Common_Free(void* pFreePointer)
```

参数说明如下。

（1）pFreePointer:要释放的内存头指针。

（2）返回值:无。

💡**注意**：模拟环境中,此环境是对 C 标准函数 free 的重新封装,移植到目标平台后如果想使用此函数,则应在确认平台支持或用户已自行实现 MMU 后重写此函数,并将宏_SIMPLE_GUI_ENABLE_DYNAMIC_MEMORY_有效化。

8. SGUI_Common_MemoryCopy

功能描述:复制内存块。

原型声明如下:

```
void* SGUI_Common_MemoryCopy (void* pDest, const void* pSrc, SGUI_UINT uiSize)
```

参数说明如下。

（1）pDest:目标内存块头指针。

（2）pSrc:源内存块头指针。

（3）uiSize:复制内存块的大小,单位为字节。

（4）返回值:目标内存块头指针。

💡**注意**：模拟环境中,此环境是对 C 标准函数 memcpy 的重新封装,用户如果不使用标准库,则需自行实现内存复制过程。

9. SGUI_Common_MemorySet

功能描述:设置内存块。

原型声明如下:

```
void SGUI_Common_MemorySet (void* pMemoryPtr, SGUI_BYTE iSetValue, SGUI_UINT uiSize)
```

参数说明如下。

（1）pMemoryPtr:要设置的内存块头指针。

（2）iSetValue:要设置的每字节的值。

（3）uiSize：内存块的大小，单位为字节。

（4）返回值：目标内存块头指针。

💡 **注意**：模拟环境中，此环境是对 C 标准函数 memcpy 的重新封装，用户如果不使用标准库，则需自行实现内存复制过程。

---

10. SGUI_Common_StringLength

功能描述：测量字符串的长度。

原型声明如下：

```
SGUI_SIZE SGUI_Common_StringLength (SGUI_PCSZSTR szString)
```

参数说明如下。

（1）szString：字符串头指针。

（2）返回值：字符串长度。

💡 **注意**：模拟环境中，此环境是对 C 标准函数 strlen 的重新封装，用户如果不使用标准库，则需自行实现字符串长度计算的过程。

---

11. SGUI_Common_StringCopy

功能描述：复制字符串。

原型声明如下：

```
SGUI_PSZSTR SGUI_Common_StringCopy(SGUI_PSZSTR szDest, SGUI_PCSZSTR szSrc)
```

参数说明如下。

（1）szDest：复制的字符串缓存。

（2）szSrc：被复制的字符串缓存。

（3）返回值：复制的字符串缓存头指针。

💡 **注意**：模拟环境中，此环境是对 C 标准函数 strcpy 的重新封装，用户如果不使用标准库，则需自行实现字符串复制的过程。

---

12. SGUI_Common_StringLengthCopy

功能描述：复制不超过特定长度的字符串。

原型声明如下：

```
SGUI_PSZSTR SGUI_Common_StringLengthCopy (SGUI_PSZSTR szDest, SGUI_PCSZSTR szSrc, SGUI_SIZE
uiSize)
```

参数说明如下。

（1）szDest：复制的字符串缓存。

（2）szSrc：被复制的字符串缓存。

（3）uiSize：复制字符串的长度，单位为字节。

（4）返回值：复制的字符串缓存头指针。

💡注意：模拟环境中，此环境是对 C 标准函数 strncpy 的重新封装，用户如果不使用标准库，则需自行实现字符串复制的过程。

13. SGUI_Common_GetNowTime

功能描述：获取当前特定的系统时间。

原型声明如下：

```
void SGUI_Common_GetNowTime (SGUI_TIME * pstTime)
```

参数说明如下。

（1）pstTime：保存时间数据的结构体。

（2）返回值：复制的字符串缓存头指针。

💡注意：此函数需绑定系统 RTC 的处理，需要用户根据目标平台自行实现，读取 RTC 时间并赋值到参数指定的 RTC 结构体中。

14. SGUI_Common_RefreshScreen

功能描述：刷新屏幕显示。

原型声明如下：

```
void SGUI_Common_RefreshScreen(void)
```

参数说明：无。

返回值：无。

💡注意：用于更新屏幕显示的接口，需要用户自行实现，通常用于使用了显示缓存的情况。

15. SGUI_Common_ReadFlashROM

功能描述：读取外部存储中的数据。

原型声明如下：

```
void SGUI_Common_ReadFlashROM(SGUI_ROM_ADDRESS uiAddressHead, SGUI_SIZE uiDataLength, SGUI_BYTE * pBuffer)
```

参数说明如下。

（1）uiAddressHead：读取的首地址。

（2）uiDataLength：读取数据的长度。

（3）pBuffer：存放读取数据的缓冲区的首地址。

（4）返回值：无。

💡 **注意**：此函数需根据实际系统平台，实现从内部或外部 Flash 中读取数据的操作。在 SimpleGUI 中，此函数通常用于读取字模、图片或图标数据等。

16. SGUI_Common_Delay

功能描述：延时等待。

原型声明如下：

```
void SGUI_Common_Delay(SGUI_UINT32 uiTimeMs)
```

参数说明如下。

（1）uiTimeMs：等待的毫秒数。

（2）返回值：无。

6.8　本章小结

本章主要介绍了用于单色显示屏设计和开发的 GUI 接口——SimpleGUI 的相关函数和主功能模块。

6.9　课后习题

（1）请简述获取 SimpleGUI 的方法。

（2）请描述 SimpleGUI 的坐标系。

（3）请描述 SimpleGUI 的设备对象结构体。

（4）请描述在 SimpleGUI 中色彩的对象数据结构体。

（5）请简述在屏幕设备坐标点为(1.5,1.5)~(3.9,6.9)处绘制 1 条直线所调用的接口函数。

第7章

HTML5 开发示例

本书利用红莓开发板,实现鸿蒙应用场景 NFC 碰一碰,用户通过手机与设备碰一碰,会自动弹出在全部设备的控制界面,并基于鸿蒙开发了 HTML5 系统管理界面,为用户提供数据可视化的展示。

ZigBee 组网边缘节点采用 OpenHarmony L0 设备,如 RK2206;汇聚网关采用 OpenHarmony L2 设备,如 RK3568。该应用主要由安装在现场的硬件设备、服务器、手机端 HTML5 界面、物联网管理平台和可视化大屏显示组成,这里只选取手机端 HTML5 应用作为开发示例进行介绍。全部设备页面功能如下。

(1) 展示全部设备列表。

(2) 单个设备开关及用电信息展示(开关、当前功率、今日用电量、总用电量)。

(3) 区域分组:分组展示、选择、批量一键启动。

7.1 应用场景硬件的搭建

场景搭建作为家电控制的数据基础,具体实现方案如下。

(1) 边缘节点采用 OpenHarmony L0 设备(RK2206)。

(2) 汇聚网关采用 OpenHarmony L2 设备(RK3568)。

(3) 边缘节点遵循 OpenHarmony 标准协议(CoAP),通过软总线和汇聚网关通信,上报设备类型和在线状态,并接收汇聚网关下发的控制指令。

(4) 汇聚网关遵循 OHDC 定制的协议,通过以太网与数据中心通信,向数据中心上报支持设备的类型和在线状态,并向边缘节点发送控制指令。

7.2 HTML5 简介

HTML5 是 Hyper Text Markup Language 5 的缩写,HTML5 技术结合了 HTML4.01 的相关标准并革新,符合现代网络发展要求,在 2008 年正式发布。HTML5 由不同的技术构成,其在互联网中得到了非常广泛的应用,提供了更多增强网络应用的标准机制。与传统的技术相比,HTML5 的语法特征更加明显,并且结合了 SVG 的内容。这些内容在网页中使用可以更加便捷地处理多媒体内容,而且 HTML5 中还结合了其他元素,对原有的功能进行调整和修改,进行标准化工作。HTML5 在 2012 年已形成了稳定的版本。

7.3 鸿蒙应用开发框架

OpenHarmony 轻量 JavaScript(JS)应用开发框架(下文简称"框架"),是 OpenHarmony 为开发者提供的一套开发 JavaScript 应用的开发框架。开发框架采用类似小程序的 Web 开发方式,其实现大部分遵循 W3C 标准(主流 Web 开发标准),但由于设备条件限制(例如,ROM 和 RAM 大小),框架中部分组件和属性与 W3C 标准存在差异,需要开发者在开发过程中了解和掌握。

OpenHarmony 上 JavaScript 的 API 实现方式有 3 种,分别是 JSI 机制、Channel 机制及 NAPI 机制,其中 JSI 机制支持 L0~L1 层级的设备,Channel 机制支持 L3 层级的设备,NAPI 机制目前仅支持 L2 设备。本章案例中用以采集电量数据的终端——红莓开发板,属于 L0 层级设备。数据网关采用 RK3568 作为核心芯片,属于 L2 层级设备。

JSI 的全称是 JavaScript Interface,即 JS Interface,它是对 JavaScript 引擎与 Native(C++)之间相互调用的封装,通过 HostObject 接口实现双边映射。

JSI 具有以下特点:

(1) JSI 将支持其他 JavaScript 引擎。

(2) JSI 允许线程之间的同步相互执行,不需要 JSON 序列号等耗费性能的操作。

(3) JSI 用 C++ 编写,以后如果针对电视、手表等其他系统进行开发,则可以很方便地移植。

(4) 在 JavaScript 中调用 C++ 注入 JavaScript 引擎中的方法,数据载体格式是通过 HostObject 接口规范化后的,摒弃了旧架构中以 JSON 作为数据载体的异步机制,从而使 JavaScript 与 Native 之间的调用可以实现同步感知。

7.4 HTML5 示例简介

本示例采用 HTML5+CSS+JavaScript+Vue 前端框架进行开发,基于红莓 RK2206 开发板采集数据,对福州软件园创新公司智慧展厅进行智能用电监测。以下将介绍 HTML5 应用的完整开发流程。

7.5 ECharts 数据可视化组件介绍

ECharts 是一款基于 JavaScript 的数据可视化图表库,提供直观、生动、可交互、可个性化定制的数据可视化图表。ECharts 最初由百度团队开源,并于 2018 年初捐赠给 Apache 基金会,成为 ASF 孵化级项目。可以流畅地运行在 PC 和移动设备上,兼容当前绝大部分浏览器(IE8/9/10/11、Chrome、Firefox、Safari 等),底层依赖向量图形库 ZRender,提供直观、交互丰富、可高度个性化定制的数据可视化图表。

ECharts 提供了常规的折线图、柱状图、散点图、饼图、K 线图,用于统计的盒形图,用于地理数据可视化的地图、热力图、线图,用于关系数据可视化的关系图、treemap、旭日图,多维数据可视化的平行坐标,还有用于 BI 的漏斗图、仪表盘,并且支持图与图之间的混搭。

7.5.1　ECharts 数据可视化组件下载及图表绘制

1. 获取 Apache ECharts

Apache ECharts 支持多种下载方式,可以在官网教程中查看所有方式。本书将以从 jsDelivr CDN 上获取为例,介绍如何快速安装。

在 https://www. jsdelivr. com/package/npm/echarts 中选择 dist/echarts. js,保存为 echarts. js 文件。

2. 引入 Apache ECharts

在刚才保存的 echarts. js 目录下新建一个 index. html 文件,内容如下:

```
//第 7 章/index. html
<!DOCTYPE html>
<html>
  <head>
    <meta charset = "utf - 8" />
    <!-- 引入刚刚下载的 ECharts 文件 -->
    <script src = "echarts. js"></script>
  </head>
</html>
```

打开 index. html 文件后会看到一片空白,但是不要担心,只要打开控制台确认没有报错信息,就可以进行下一步。

3. 绘制一个简单的图表

在绘图前需要为 ECharts 准备一个定义了高和宽的 DOM 容器。在 index. html 中的</head> 后,添加如下代码:

```
<body>
  <!-- 为 ECharts 准备一个定义了宽和高的 DOM -->
  <div id = "main" style = "width: 600px;height:400px;"></div>
</body>
```

然后就可以通过 echarts. init 方法初始化一个 ECharts 实例并通过 setOption 方法生成一个简单的柱状图,代码如下:

```
//第 7 章/echarts. init
<!DOCTYPE html>
<html>
  <head>
    <meta charset = "utf - 8" />
    <title>ECharts</title>
    <!-- 引入刚刚下载的 ECharts 文件 -->
    <script src = "echarts. js"></script>
  </head>
  <body>
    <!-- 为 ECharts 准备一个定义了宽和高的 DOM -->
    <div id = "main" style = "width: 600px;height:400px;"></div>
    <script type = "text/javascript">
      //基于准备好的 DOM,初始化 ECharts 实例
```

```
var myChart = echarts.init(document.getElementById('main'));

//指定图表的配置项和数据
var option = {
    title: {
        text: 'ECharts 入门示例'
    },
    tooltip: {},
    legend: {
        data: ['销量']
    },
    xAxis: {
        data: ['衬衫', '羊毛衫', '雪纺衫', '裤子', '高跟鞋', '袜子']
    },
    yAxis: {},
    series: [
        {
            name: '销量',
            type: 'bar',
            data: [5, 20, 36, 10, 10, 20]
        }
    ]
};

//使用刚指定的配置项和数据显示图表
myChart.setOption(option);
</script>
</body>
</html>
```

ECharts 示例图如图 7-1 所示。

更多图表示例可参考 ECharts 中文官方网站:https://echarts.apache.org/zh/index.html。

7.5.2 创建组件与编码

在 views 目录下创建组件,可创建文件夹进行分类管理,如图 7-2 所示。

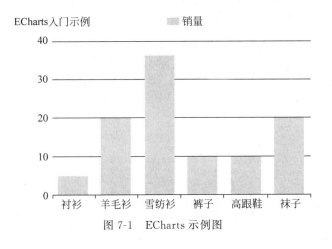

图 7-1 ECharts 示例图

图 7-2 创建组件

对核心组件进行编码,代码如下:

```
//第 7 章/view.json
<template>
<!-- <div class = "home">
<img alt = "Vue logo" src = "../assets/logo.png">
<HelloWorld msg = "Welcome to Your Vue.js App"/>
  </div> -->
  <div class = "home">
    <div v-if = "choseStatus" class = "chosen">
      <img
        src = "../assets/image/8.png"
        style = "width: 28px; height: 19px"
        alt = ""
        @click = "cancel"
      />
      <img style = "width: 28px; height: 28px" src = "../assets/image/8-1.png" alt = "" />
    </div>
    <!-- 开启和关闭 -->
    <div style = "padding: 15px">
      <div class = "first_title" v-if = "!choseStatus"> OpenHarmony </div>
      <div class = "second_title" v-if = "!choseStatus">智能用电监测</div>
      <div class = "third_title">
        <div class = "nav_tabs">
          <div class = "all">全部设备</div>
          <!-- <div>用电方案</div> -->
        </div>
        <van-popover
          v-model = "showPopover"
          theme = "dark"
          trigger = "click"
          :actions = "actions"
          @select = "onSelect"
          placement = "left"
        >
          <template #reference>
            <img src = "../assets/image/1.png" alt = "" style = "width: 18px; height: 18px" />
          </template>
        </van-popover>
        <!-- <div class = "circle" v-if = 'choseStatus'>
          <img src = "../assets/image/1.png" alt = "" style = "width: 18px; height: 18px" />
        </div>
        <div class = "circle" @click = "show = true" v-else>
          <img src = "../assets/image/1.png" alt = "" style = "width: 18px; height: 18px" />
        </div> -->
      </div>
      <!-- list 数据 -->
      <div class = "list_data">
        <div
          class = "data"
          v-for = "item in datalist"
          :key = "item.id"
          @click = "gotoDetails(item)"
```

```
    >
      < div class = "icon_png">
        <! -- 4 种情况 -->
        < img
          src = "../assets/image/2.png"
          alt = ""
          style = "width: 30px; height: 30px"
          v - if = "item.id == 1"
        />
        < img
          src = "../assets/image/2 - 1.png"
          alt = ""
          style = "width: 30px; height: 30px"
          v - if = "item.id == 2"
        />
        < img
          src = "../assets/image/3.png"
          alt = ""
          style = "width: 30px; height: 30px"
          v - if = "item.id == 3"
        />
        < img
          src = "../assets/image/3 - 1.png"
          alt = ""
          style = "width: 30px; height: 30px"
          v - if = "item.id == 4"
        />
        < div v - if = "choseStatus" @click.stop.prevent = "selectClick(item.id)">
          < img
            src = "../assets/image/8 - 2.png"
            alt = ""
            v - if = "selectList.indexOf(item.id) == '-1'"
            style = "width: 20px; height: 20px"
          />
          < img
            src = "../assets/image/8 - 3.png"
            alt = ""
            v - if = "selectList.indexOf(item.id) != '-1'"
            style = "width: 20px; height: 20px"
          />
        </div >
        < van - switch
          v - model = "item.lock"
          v - else
          @click.stop.prevent = "clickLock(item)"
          active - color = "#40c6af"
          inactive - color = "#9ba4b0"
        />
        <! -- < div
        v - else
          :class = "item.lock ? 'circle_bg2' : 'circle_bg'"
          @click.stop.prevent = "clickLock(item)"
        >
```

```
                < img
                    src = "../assets/image/unlock.png"
                    alt = ""
                    style = "width: 20px; height: 20px"
                    v - if = "item.lock"
                />
                < img
                    src = "../assets/image/lock.png"
                    alt = ""
                    style = "width: 20px; height: 20px"
                    v - else
                />
            </div> -->
        </div>
        < div class = "list_text">{{ item.name }}</div>
      </div>
    </div>
     < div class = "lockOrClose" v - if = "selectList.length > 0 ">
     < div class = "open">开启</div>
     < div class = "close">关闭</div>
    </div>
    </div>
    <! -- 固定在右侧的按钮 -->
    <! -- < div class = "fixed_img">
      < img src = "../assets/image/top.png" alt = "" style = "width: 46px; height: 46px" />
    </div> -->
    <! -- 弹出层 -->
    < van - popup v - model = 'show' :style = "{ height: '100 % ',width:'100 % '}" :overlay = 'false'>
      < div class = "overlay">
      < div class = "top">
        < div class = "top_left" @click = "back">
          < img src = "../assets/image/left.png" alt = "" style = 'width:20px' />
        </div>
        < div class = "top_title">区域分组</div>
        < div style = "flex: 1"></div>
      </div>
      < div class = 'area'>区域名称列表</div>
      < div   v - for = 'item in areaList' :key = 'item.id' :class = 'areaIndex.indexOf(item.id) !=
" - 1" ?"area_selected":"area_noselect"' @click = 'areaClick(item.id)'>{{item.name}}
</div>
< div class = 'finishButton' @click = 'finish'>完成</div>
        </div>
      </van - popup >
    </div>
  </template>
  <! -- < div class = "home">
      < img alt = "Vue logo" src = "../assets/logo.png">
      < HelloWorld msg = "Welcome to Your Vue.js App"/>
    </div> -->
    < div class = "home">
      < div v - if = "choseStatus" class = "chosen">
        < img
          src = "../assets/image/8.png"
```

```
          style = "width: 28px; height: 19px"
          alt = ""
          @click = "cancel"
      />
      < img style = "width: 28px; height: 28px" src = "../assets/image/8 - 1.png" alt = "" />
</div>
<! -- 开启和关闭 -->

< div style = "padding: 15px">
    < div class = "first_title" v - if = "!choseStatus"> OpenHarmony </div>

    < div class = "second_title" v - if = "!choseStatus">智能用电监测</div>
    < div class = "third_title">
        < div class = "nav_tabs">
            < div class = "all">全部设备</div>
            <! -- < div>用电方案</div> -->
        </div>
        < van - popover
          v - model = "showPopover"
          theme = "dark"
          trigger = "click"
          :actions = "actions"
          @select = "onSelect"
          placement = "left"
        >
            < template # reference >
                < img src = "../assets/image/1.png" alt = "" style = "width: 18px; height: 18px" />
            </template>
        </van - popover>
        <! -- < div class = "circle" v - if = 'choseStatus'>
            < img src = "../assets/image/1.png" alt = "" style = "width: 18px; height: 18px" />
        </div>
        < div class = "circle" @click = "show = true" v - else>
            < img src = "../assets/image/1.png" alt = "" style = "width: 18px; height: 18px" />
        </div> -->
    </div>
    <! -- list 数据 -->
    < div class = "list_data">
        < div
          class = "data"
          v - for = "item in datalist"
          :key = "item.id"
          @click = "gotoDetails(item)"
        >
            < div class = "icon_png">
                <! -- 4 种情况 -->
                < img
                  src = "../assets/image/2.png"
                  alt = ""
                  style = "width: 30px; height: 30px"
                  v - if = "item.id == 1"
                />
                < img
```

```
            src = "../assets/image/2 - 1.png"
            alt = ""
            style = "width: 30px; height: 30px"
            v - if = "item.id == 2"
          />
        < img
            src = "../assets/image/3.png"
            alt = ""
            style = "width: 30px; height: 30px"
            v - if = "item.id == 3"
          />
        < img
            src = "../assets/image/3 - 1.png"
            alt = ""
            style = "width: 30px; height: 30px"
            v - if = "item.id == 4"
          />
    < div v - if = "choseStatus" @click.stop.prevent = "selectClick(item.id)">
        < img
            src = "../assets/image/8 - 2.png"
            alt = ""
            v - if = "selectList.indexOf(item.id) == '- 1'"
            style = "width: 20px; height: 20px"
          />
        < img
            src = "../assets/image/8 - 3.png"
            alt = ""
            v - if = "selectList.indexOf(item.id) != '- 1'"
            style = "width: 20px; height: 20px"
          />
    </ div >
    < van - switch
        v - model = "item.lock"
        v - else
        @click.stop.prevent = "clickLock(item)"
        active - color = "#40c6af"
        inactive - color = "#9ba4b0"
      />
    <! -- < div
        v - else
        :class = "item.lock ? 'circle_bg2' : 'circle_bg'"
        @click.stop.prevent = "clickLock(item)"
      >

        < img
            src = "../assets/image/unlock.png"
            alt = ""
            style = "width: 20px; height: 20px"
            v - if = "item.lock"
          />
        < img
            src = "../assets/image/lock.png"
```

```
                            alt = ""
                            style = "width: 20px; height: 20px"
                            v - else
                          />
                      </div> -->
                  </div>
                  < div class = "list_text">{{ item.name }}</div>
                </div>
            </div>
            < div class = "lockOrClose" v - if = "selectList.length > 0 ">
            < div class = "open">开启</div>
            < div class = "close">关闭</div>
        </div>
        </div>
        <! -- 固定在右侧的按钮 -->
        <! -- < div class = "fixed_img">
          < img src = "../assets/image/top.png" alt = "" style = "width: 46px; height: 46px" />
        </div> -->
        <! -- 弹出层 -->
        < van - popup v - model = 'show' :style = "{ height: '100 % ',width:'100 % '}" :overlay = 'false'>
            < div class = "overlay">
            < div class = "top">
                < div class = "top_left" @click = "back">
                  < img src = "../assets/image/left.png" alt = "" style = 'width:20px' />
                </div>
                < div class = "top_title">区域分组</div>
                < div style = "flex: 1"></div>
            </div>
            < div class = 'area'>区域名称列表</div>
            < div   v - for = 'item in areaList' :key = 'item.id' :class = 'areaIndex.indexOf(item.id) !=
" - 1" ?"area_selected":"area_noselect"' @click = 'areaClick(item.id)'>{{item.name}}
</div>
< div class = 'finishButton' @click = 'finish'>完成</div>
        </div>
    </van - popup>

  </div>
</template>
```

配置组件路由相关代码,其中主要的部分为引入组件和配置路由两部分。
(1)引入组件的代码如下:

```
import Vue from 'vue'
import VueRouter from 'vue - router'
import Home from '../views/Home.vue'
import details from '../views/details.vue'
import echarts from '../views/echarts.vue'
```

(2)配置路由的代码如下:

```
//第 7 章/rout.json
const routes = [
    {
```

```
            path: '/',
            name: 'Home',
            component: Home
        },
        {

            path: '/details',
            name: 'details',
            component: details
        },
        {

            path: '/echarts',
            name: 'echarts',
            component: echarts
        },
        {

            path: '/about',
            name: 'About',
            //规划代码分割层
            //这里产生一个分割的组块
            //当路径被访问时,该部分为延迟加载
            component: () => import(/* webpackChunkName: "about" */ '../views/About.vue')
        }
    ]
```

在终端上运行 npm run serve,运行效果如图 7-3 所示。

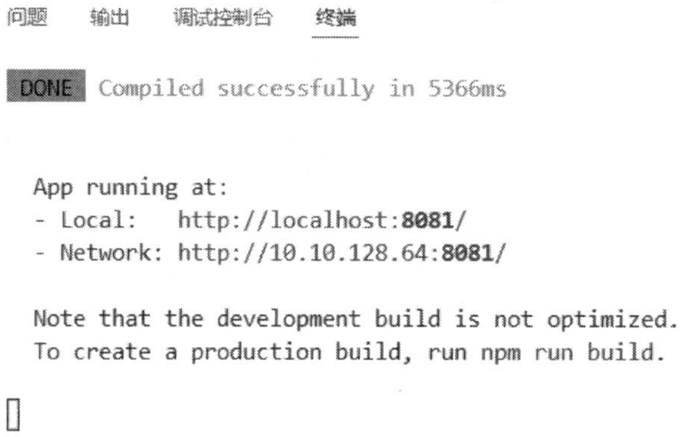

问题　　输出　　调试控制台　　**终端**

DONE Compiled successfully in 5366ms

App running at:
- Local: http://localhost:**8081**/
- Network: http://10.10.128.64:**8081**/

Note that the development build is not optimized.
To create a production build, run npm run build.

图 7-3　运行效果

💡**注意**：Vue 支持热部署,在 Vue 启动期间,如果文件发生改变,则无须重新启动 Vue,刷新页面即可。

7.5.3　HTML5 应用展示

本示例实现了对插座面板开关的控制,以及获取设备工作状态,包括开关、当前电流、电压、功耗、最大工作电流等信息,这些参数中最重要的是开关和当前电流(或当前功耗)信息,可在电量统计里查看,如图 7-4~图 7-6 所示。

图 7-4　首页、电源开和关

图 7-5　功能选择

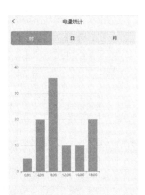
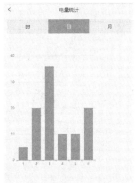
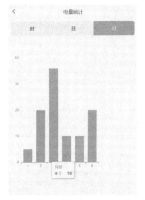

图 7-6　月、日、年的电量统计

7.6　本章小结

　　本章以绿色用电项目为例,介绍了 OpenHarmony 在物联网领域的应用。从系统开发和 HTML5 应用开发两部分入手,应用红莓开发板实现本书理论部分的具体应用。

7.7　课后习题

　　(1) 请简述 Vue 开发环境的搭建过程。

　　(2) 请简述 ECharts 数据可视化编程的过程。

图 书 推 荐

书 名	作 者
深度探索 Vue.js——原理剖析与实战应用	张云鹏
剑指大前端全栈工程师	贾志杰、史广、赵东彦
Flink 原理深入与编程实战——Scala＋Java(微课视频版)	辛立伟
Spark 原理深入与编程实战(微课视频版)	辛立伟、张帆、张会娟
PySpark 原理深入与编程实战(微课视频版)	辛立伟、辛雨桐
HarmonyOS 移动应用开发(ArkTS 版)	刘安战、余雨萍、陈争艳 等
HarmonyOS 应用开发实战(JavaScript 版)	徐礼文
HarmonyOS 原子化服务卡片原理与实战	李洋
鸿蒙操作系统开发入门经典	徐礼文
鸿蒙应用程序开发	董昱
鸿蒙操作系统应用开发实践	陈美汝、郑森文、武延军、吴敬征
HarmonyOS 移动应用开发	刘安战、余雨萍、李勇军 等
HarmonyOS App 开发从 0 到 1	张诏添、李凯杰
HarmonyOS 从入门到精通 40 例	戈帅
JavaScript 基础语法详解	张旭乾
华为方舟编译器之美——基于开源代码的架构分析与实现	史宁宁
Android Runtime 源码解析	史宁宁
数字 IC 设计入门(微课视频版)	白栎旸
数字电路设计与验证快速入门——Verilog＋SystemVerilog	马骁
鲲鹏架构入门与实战	张磊
鲲鹏开发套件应用快速入门	张磊
华为 HCIA 路由与交换技术实战	江礼教
华为 HCIP 路由与交换技术实战	江礼教
openEuler 操作系统管理入门	陈争艳、刘安战、贾玉祥 等
5G 核心网原理与实践	易飞、何宇、刘子琦
恶意代码逆向分析基础详解	刘晓阳
深度探索 Go 语言——对象模型与 runtime 的原理、特性及应用	封幼林
深入理解 Go 语言	刘丹冰
Spring Boot 3.0 开发实战	李西明、陈立为
Flutter 组件精讲与实战	赵龙
Flutter 组件详解与实战	［加］王浩然(Bradley Wang)
Flutter 跨平台移动开发实战	董运成
Dart 语言实战——基于 Flutter 框架的程序开发(第 2 版)	亢少军
Dart 语言实战——基于 Angular 框架的 Web 开发	刘仕文
IntelliJ IDEA 软件开发与应用	乔国辉
Vue＋Spring Boot 前后端分离开发实战	贾志杰
Python 量化交易实战——使用 vn.py 构建交易系统	欧阳鹏程
Python 从入门到全栈开发	钱超
Python 全栈开发——基础入门	夏正东
Python 全栈开发——高阶编程	夏正东
Python 全栈开发——数据分析	夏正东
Python 编程与科学计算(微课视频版)	李志远、黄化人、姚明菊 等
Python 游戏编程项目开发实战	李志远
编程改变生活——用 Python 提升你的能力(基础篇·微课视频版)	邢世通
编程改变生活——用 Python 提升你的能力(进阶篇·微课视频版)	邢世通

书　名	作　者
Python 数据分析实战——从 Excel 轻松入门 Pandas	曾贤志
Python 人工智能——原理、实践及应用	杨博雄 主编,于营、肖衡、潘玉霞、高华玲、梁志勇 副主编
Python 概率统计	李爽
Python 数据分析从 0 到 1	邓立文、俞心宇、牛瑶
从数据科学看懂数字化转型——数据如何改变世界	刘通
FFmpeg 入门详解——音视频原理及应用	梅会东
FFmpeg 入门详解——SDK 二次开发与直播美颜原理及应用	梅会东
FFmpeg 入门详解——流媒体直播原理及应用	梅会东
FFmpeg 入门详解——命令行与音视频特效原理及应用	梅会东
FFmpeg 入门详解——音视频流媒体播放器原理及应用	梅会东
Python Web 数据分析可视化——基于 Django 框架的开发实战	韩伟、赵盼
Python 玩转数学问题——轻松学习 NumPy、SciPy 和 Matplotlib	张骞
Pandas 通关实战	黄福星
深入浅出 Power Query M 语言	黄福星
深入浅出 DAX——Excel Power Pivot 和 Power BI 高效数据分析	黄福星
云原生开发实践	高尚衡
云计算管理配置与实战	杨昌家
虚拟化 KVM 极速入门	陈涛
虚拟化 KVM 进阶实践	陈涛
边缘计算	方娟、陆帅冰
LiteOS 轻量级物联网操作系统实战(微课视频版)	魏杰
物联网——嵌入式开发实战	连志安
动手学推荐系统——基于 PyTorch 的算法实现(微课视频版)	於方仁
人工智能算法——原理、技巧及应用	韩龙、张娜、汝洪芳
跟我一起学机器学习	王成、黄晓辉
深度强化学习理论与实践	龙强、章胜
自然语言处理——原理、方法与应用	王志立、雷鹏斌、吴宇凡
TensorFlow 计算机视觉原理与实战	欧阳鹏程、任浩然
计算机视觉——基于 OpenCV 与 TensorFlow 的深度学习方法	余海林、翟中华
深度学习——理论、方法与 PyTorch 实践	翟中华、孟翔宇
HuggingFace 自然语言处理详解——基于 BERT 中文模型的任务实战	李福林
Java＋OpenCV 高效入门	姚利民
AR Foundation 增强现实开发实战(ARKit 版)	汪祥春
AR Foundation 增强现实开发实战(ARCore 版)	汪祥春
ARKit 原生开发入门精粹——RealityKit + Swift + SwiftUI	汪祥春
HoloLens 2 开发入门精要——基于 Unity 和 MRTK	汪祥春
巧学易用单片机——从零基础入门到项目实战	王良升
Altium Designer 20 PCB 设计实战(视频微课版)	白军杰
Cadence 高速 PCB 设计——基于手机高阶板的案例分析与实现	李卫文、张彬、林超文
Octave 程序设计	于红博
Octave GUI 开发实战	于红博
ANSYS 19.0 实例详解	李大勇、周宝
ANSYS Workbench 结构有限元分析详解	汤晖
全栈 UI 自动化测试实战	胡胜强、单镜石、李睿
pytest 框架与自动化测试应用	房荔枝、梁丽丽